蟲《むし》愛《め》づる人の蟲がたり

Insect Tales of Insect Lovers

筑波大学山岳科学センター菅平高原実験所 編／町田龍一郎 監修

Edited by Sugadaira Research Station, Mountain Science Center, University of Tsukuba

Supervised by Ryuichiro MACHIDA

筑波大学出版会

Insect Tales of Insect Lovers

Edited by
Sugadaira Research Station,
Mountain Science Center, University of Tsukuba

Supervised by
Ryuichiro MACHIDA

University of Tsukuba Press, Tsukuba, Japan

ISBN978-4-904074-54-1 C0045

はじめに

筑波大学山岳科学センター菅平高原実験所では、二〇〇九年八月より、長野県上田市を中心に新聞折り込み紙として「菅平生き物通信」を配布してきました。紙面は生物や自然についての紹介、解説、エッセー、雑記といろいろですが、今回、それらのうち昆虫を主人公にした記事を中心に再編集し、一冊にまとめました。書いた人たちはマニアックな虫好きたち、まさに「蟲愛づる人の蟲がたり」[※1]です。

おおよそのテーマに沿って、七つの章に分けました。どの章、どの記事からお読みになってもかまいません。また、この本の主役である昆虫の紹介として新たに「プロローグ」を書き下ろしました。最後には「おまけ」の章もあります。

「蟲って、すごいな!」とか、「昆虫って面白いかも……」「昆虫の研究って楽しそう」などの感想をもっていただけたら幸いです。ぜひ、お楽しみください。

※1　堤中納言物語（平安時代）に「蟲愛づる姫君」という一編があります。「蟲」を好む姫君の物語ですが、この「蟲」と「虫」には違う意味合いがありました。「虫」は主にヘビなどの爬虫類を指し、「蟲」は昆虫などの小さな動物に当てられてきました。ムシがいっぱいいるイメージです。その後、簡略化のために「蟲」も「虫」と書かれるようになりました。なお、昆虫の「昆」は「数が多い」という意味です。

目次

三章

なんで○○するの？

四章

紹介します!!「無翅《むし》昆虫類（無変態類）」編

五章

紹介します!! 有翅《ゆうし》昆虫類「不完全変態類」編

六章

紹介します!! 有翅《ゆうし》昆虫類「完全変態類」編

七章

研究室と学生の活動から

おまけ

プロローグ

昆虫たちのサクセスストーリー

昆虫類、ムカデやヤスデなどの多足《たそく》類、エビやカニなどの甲殻《こうかく》類、クモやサソリのなかまである鋏角《きょうかく》類などからなる節足《せっそく》動物（図1）は、私たち脊索《せきさく》動物なども含めたすべての動物の約八〇パーセントを占める、たいへん大きなグループです。そしてこの節足動物の九〇パーセント以上は昆虫類なのです（図2）。いままでに一〇〇万種以上の昆虫が発見されています（表1）。昆虫類は私たちに最も身近な「動物」であり、そして、地球上で最も繁栄している動物群です。地球は「昆虫の惑星」というべきなのかもしれません。昆虫類はどのように「進化」してきたのでしょうか。彼らのこのような大繁栄はどのようにもたらされたのでしょうか。「大成功をおさめた動物群」との視点で、昆虫類の進化―サクセスストーリー―をみてみましょう。

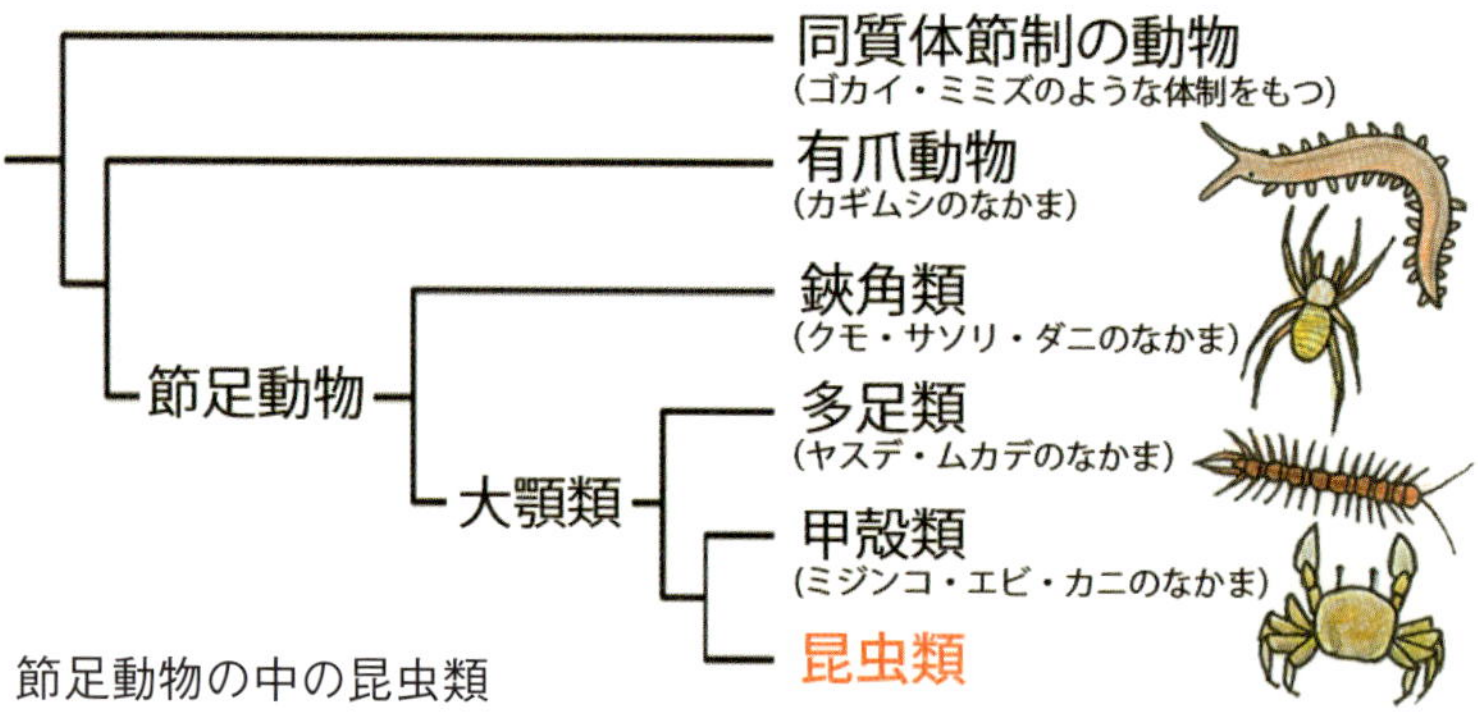

図1　節足動物の中の昆虫類

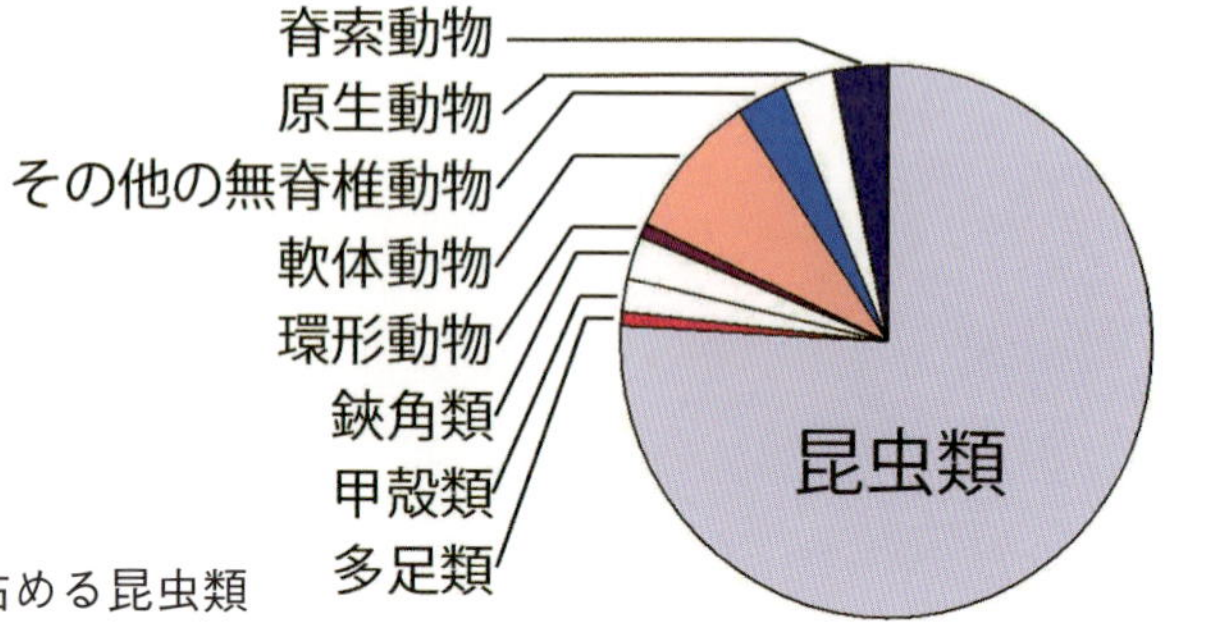

図2　動物の多くを占める昆虫類

内顎類（約１千種）		
カマアシムシ目	700種	
トビムシ目	5,000種	
コムシ目	800種	
外顎類（約106万種）		
単関節丘類（約500種）		「無翅昆虫類（無変態類）」
イシノミ目	500種	（約８千種）
双関節丘類（約106万種）		
無翅類（約500種）		
シミ目	500種	
有翅昆虫類（約106万種）		
旧翅類（約９千種）		
カゲロウ目	2,500種	
トンボ目	6,000種	
新翅類（約105万種）		
多新翅類（約４万種）		
カワゲラ目	2,500種	
バッタ目	20,000種	
ナナフシ目	3,000種	「不完全変態類」
シロアリモドキ目	2,000種	（約15万種）
カカトアルキ目	13種	
ガロアムシ目	26種	
カマキリ目	2,000種	
ゴキブリ目	4,000種	
シロアリ目	3,000種	
ジュズヒゲムシ目	22種	
ハサミムシ目	2,000種	
準新翅類（約10万種）		
チャタテムシ目	3,000種	
ハジラミ目	3,000種	
シラミ目	700種	
アザミウマ目	7,000種	
カメムシ目	90,000種	
完全変態類（貧新翅類）（約90万種）		
ハチ目	150,000種	
アミメカゲロウ目	7,000種	
シリアゲムシ目	600種	
トビケラ目	12,000種	
チョウ目	150,000種	
コウチュウ目	400,000種	
ネジレバネ目	700種	
ノミ目	2,000種	
ハエ目	170,000種	
合計	**約110万種**	

表１　昆虫における目ごとのおおよその記載種数

（生物は、界、門、綱、目、科、属、種の順に分けられます。昆虫綱は約 30 の目に分類されています。）

一　外骨格《がいこっかく》

私たちなどの脊椎《せきつい》動物は内骨格《ないこっかく》をもっています。体のなかにある背骨などが、体を支えたり体の形を保ったりします。しかし、昆虫類を含む節足動物の骨格系はまったくこれとは異なります。例えば、カブトムシ（図３）などを思い出してください。背骨などの内骨格がない代わりに、体の表面を被うクチクラという硬い物質からなる厚い殻《から》「外骨格」があり、それが体を支えているのです。

図３　硬い外骨格をもつカブトムシ

　外骨格は体を支えるだけでなく、外敵からの防御にも、そして乾燥などの外界からの影響から体を護《まも》るのにも役立ちます。そして丈夫な外骨格は強力な筋肉の付着点としても威力を発揮します。これにより走ったり飛んだりと、活発で力強い運動ができるのです。

　このように外骨格は昆虫などの節足動物の繁栄に大きな力となりましたが、いくつかの問題が生じました。まず、硬い殻に被われた体や肢《あし》を動かすには、そこに関節を作らなければなりませんでした。ですから肢が関節になっている「節足」動物となったのです。そして、そのままでは成長できませんから、古い殻を脱ぎ捨てもう少し大きめの新しい殻に変える、「脱皮《だっぴ》」が必要となったのです。脱皮中の昆虫は体が柔らかくよく動けないので、彼らにとってはたいへん危険なことです。このようなリスクを背負うことになります（関連22ページ）。

　もう一つは、体をそれほど大きくすることはできないことです。外骨格の動物は大きくなれないのです。大きな体を支えうる外骨格は途方もなく厚く重いものになるでしょう。ましてや、後で述べるように、昆虫の大繁栄に大いに貢献した「翅《はね》」の獲得などは思いもよらないものになります。

二 小さなサイズ

昆虫にはたいへん小さなものから大きなものまでいます。それを評して、「最大の原生動物《げんせいどうぶつ》（単細胞動物）よりは十分に小さく、最小の哺乳類よりは十分に大きい」といわれます。〇・一ミリメートルくらいの昆虫、例えば昆虫の卵に寄生するタマゴコバチのなかまから、大きなものは熱帯産のナナフシのなかまは三〇センチメートル程、日本にもすむヨナグニサンなどのガのなかまも大きく、そして三億年前の古生代石炭紀に栄えた原トンボ目《もく》のメガニューラ（メガネウラ）というなかまは翅をひろげると七五センチメートルもあったそうです。ですから、昆虫類のサイズは最小のものから最大のものまでの間には、約一万倍の違いがあるのです。これは私たち四足動物（両生類、爬虫類、哺乳類などのなかま）の一〇〇〇倍（数センチメートルのトガリネズミ〜五〇メートルくらいの恐竜）に比べてたいへん大きいことが分かります。

このようにサイズがバラエティーに富んでいるということも昆虫類の繁栄の要因であり、また表れでもあるのですが、しかし、その大きさは「たかだかこのくらいの大きさ」なのです。数十センチメートルに満たない大きさなのです。昆虫があまり大きくならなかった要因には呼吸系や循環系の問題もありますが、外骨格という「骨格」のもつ制約もあったのです。いや、むしろ、昆虫はこの「小さいサイズ」を彼らの繁栄の戦略にと用いたのです。

生物は生態系のなかの一員として、それにきっちり組み入れられてこそ存在します。そして地球上に生きるすべての種が、種ごとに一つずつ、生態系における位置をもっているのです。これをニッチ（生態的地位）といって、一つの種は一つのニッチをもっている、これが生物学的な生物の見方です。このことについて、例で考えてみましょう。ゾウは基本的に世界にたった二種、アフリカゾウとインドゾウです（アフリカゾウの亜種とされるマルミミゾウを別種とすることがあります。また最近、もう一種のゾウがボルネオ島にいるという情報もあります）。ゾウが二種しか存在できないというのは、きっと彼らが「大きい」からです。まず、彼らが種を維持するのに必要とする個体数は、空間的に、現在の地球上には二種程度分しかないのでしょう。そして、ニッチとは空間的な要素だけでなく、食性（食べ物）とか生活型（生き方）など、あらゆる要素を含みます。これにより生態系を分け合い、それにみあった種数が存在しえるのです。ところが、食性や生活型に関してはゾウのなかまはほとんど同じ、草原に生き草木を食べているのです。もし、この点でもう少しバリエーションがあったなら、もう少し多い種類の「ゾウ」がいたかもしれません（ゾウと祖先を共有しているといわれている、アフリカ周辺の岩場に生息するイワダヌキ（ハイラックス）や人魚のモデルとなったといわれる海に住むジュゴンやマナティーを「ゾウのなかま」とすれば、地域、食性、生活型、大きさを違えた種への分化があったと理解できますから、実際、「ゾウのなかま」にはより多くの種類がいることになります）。

では、昆虫をみてみましょう。私たちがよく目にするアゲハチョウ、これは昆虫綱《こう》・チョウ目・アゲハチョウ科に属す昆虫です。日本には、アゲハ、キアゲハ、クロアゲハ、オナガアゲハ、カラスアゲハ、ミヤマカラスアゲハ、モンキアゲハ、アオスジアゲハ、ジャコウアゲハ、ギフチョウ、ヒメギフチョウ、ウスバシロチョウ、さらにはナガサキアゲハ、シロオビアゲハ、ベニモンアゲハ、ミカドアゲハ、ヒメウスバシロチョウ、ウスバキチョウなどたくさんのアゲハチョウがいます。小さい分、アゲハチョウ科というグループだけでも、これだけの種が分化できる空間的余裕ができるのです。そして、食性をみると、食草がまったく異なったり、微妙に違ったり、そして好む環境が異なったり、また、種によっては越冬などの生活型も異なるなど、いろいろです。この点で、地域ごとに細かく生態系を分け合っていて、そのようなことが可能となるのです。ですから昆虫は、地域、空間、食性、生活型などのあらゆる面で、生態系におけるニッチを細分化し住み分けることにより、多くの種を分化させることができます。コウチュウ目・ハムシ科の昆虫は食草となる植物ごとに種が分化しています。鳥やけものの体に寄生するシラミ目の昆虫は寄主となる鳥やけものごとに種が違います。人につくヒトジラミの場合、さらに人の頭部とそれ以外の部分で「アタマジラミ」と「コロモジラミ」に亜種レベルで分化しています。哺乳類がやったような自らの「大きさ」にたよって生態系にその地位を見出そうとする方法ではなく、昆虫は、一見短所ともとれる自らの「小さなサイズ」を積極的に活用して膨大な種を分化させ、繁栄してきたのです。

昆虫類はそのニッチをさらに細分化させるために、さらなる方策を採用してきました。表1は昆虫類のグループ（目）ごとの今まで記載されてきたおよその種数です。まず気づくのは、ほとんどの昆虫類は「有翅《ゆうし》昆虫類」であるということです。これは昆虫類の九九パーセントにあたります。つまり、「翅」の獲得は、昆虫類にニッチを広げ、爆発的な繁栄をもたらした大きな要因です。この、活動・生息空間を空にも広げる「翅」に関しては後で触れましょう。もう一つ気づくのは、「完全変態類」が膨大であるということです。この「変態」による成長も昆虫類の繁栄に欠くことができないものでした。

三 変態

変態とはどのようなものでしょうか。まず、まだ翅を獲得していない原始的な体制（体の基本的なつくり）をもつイシノミ類（図4、図7、関連57ページ）やシミ類（関連60ページ）などの「無《む》翅《し》昆虫類」は、ほとんど体つきを変えないで成長するので、「無変態類」といいます（図5）。一方、翅を獲得した昆虫類「有翅昆虫類」の成長は変態をともないます。このなかで劇的な変態をするグループを「完全変態類」といい、卵↓幼虫↓蛹《さなぎ》↓成虫と成長します（図5）。これに対して、完全変態類に比べあまり進化していないグループ、「不完全変態類」は完全変態類ほどの大々的な「変態」は行わず、幼虫段階で徐々に翅を発達させ成虫の形態に近づき、卵↓幼虫↓成虫と成長します（図5）。（狭義には、

図４　「無変態類」のイシノミ

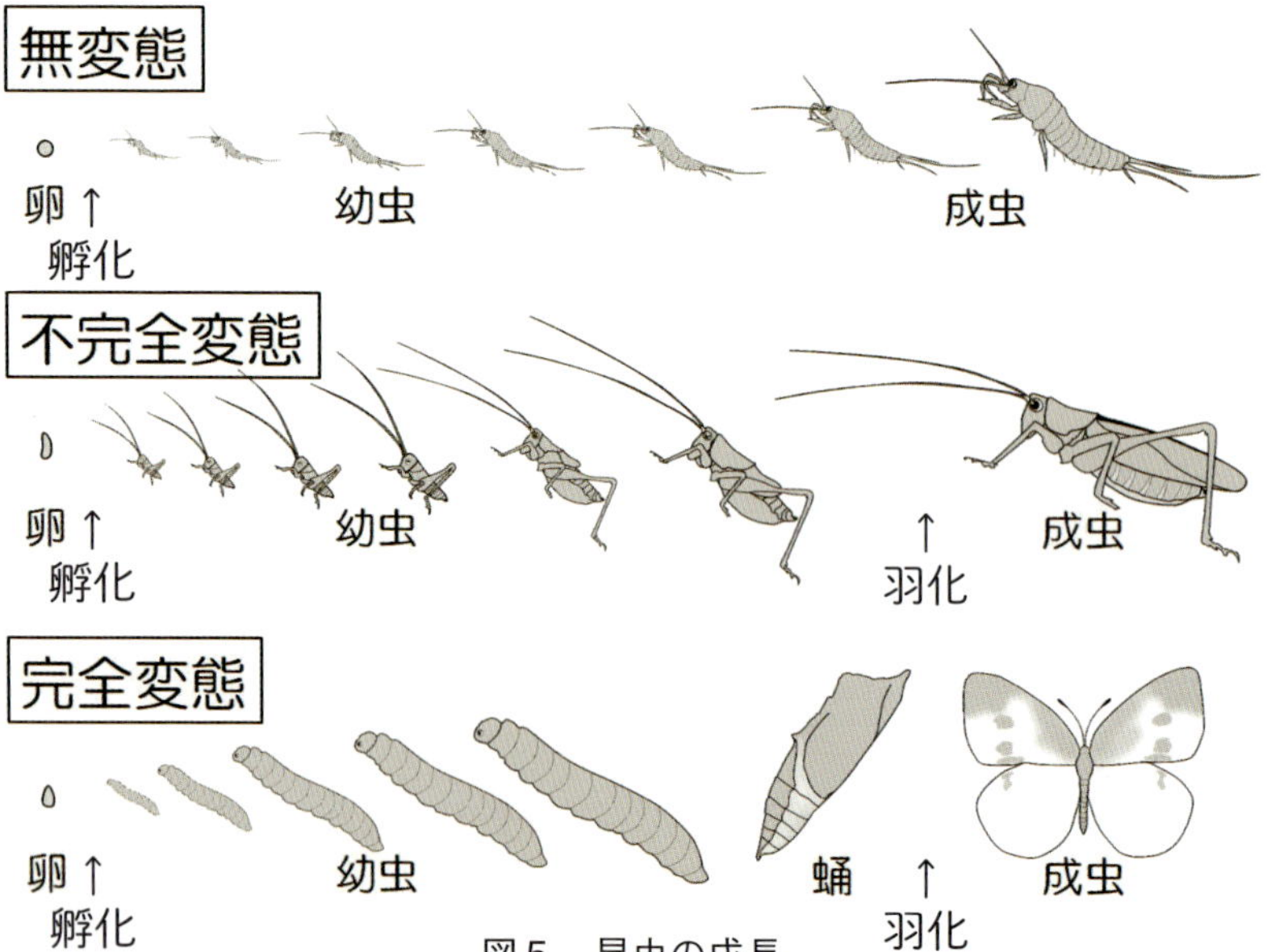

図５　昆虫の成長

変態は「完全変態」のことです。）

「不完全変態」をみてみましょう。例えばバッタ目。バッタやコオロギ、スズムシを思い浮かべてください。孵化《ふか》（卵からかえること）した小さな幼虫は基本的には成虫と同じような形をしていて、脱皮をしながらだんだんと大きくなります。この成長段階で徐々に胸部に翅の原基ができ、それが大きくなり、やがて最後の脱皮のとき、立派な翅をもった成虫となります。成虫となる脱皮を羽化といいます。幼虫と成虫は形が似ていて、生活型や食性などもほとんど同じです。これに対して「完全変態」は大きく異なります。例えば、チョウをみてみましょう。モンシロチョウの孵化した幼虫はイモムシで、キャベツを食べ脱皮を重ねて大きなイモムシとなります。やがて幼虫は不活発になり、形も随分違った蛹となります。そして、その後の脱皮で劇的な変化、真っ白な翅をもったチョウになるのです。チョウは、キャベツを食べそこをすみかとする幼虫とはまったく異なって、空を飛び蜜を吸って生きるのです。

このように完全変態類の幼虫と成虫はまったく形が違い、そしてふつう生活型も食性も随分異なります。では、どうやって幼虫がまったく違う成虫になれるのでしょうか。そのためには形だけでなく、内臓などの内部器官や代謝系も変えなければならないのです。このためにあるのが「蛹」なのです。蛹のなかでは大変なことが起こっているのです。それはまず、それまでの幼虫期間の体の器官をドロドロに溶かしてしまいます。でも、成虫の体の各部を作る小さな「元」、成虫原基（成虫芽）は溶けずに残り、幼虫の体の「ドロドロ」を原料に、蛹のなかでだんだんと大きくなり、ついには成虫の体ができあがるのです。私は子供の頃、アゲハチョウの蛹のなかが「ドロドロ」であるのをみて、とてもビックリしたことがありました。完全変態類の特徴である「蛹」とは、まったく違う幼虫と成虫をつなぐ調整期間なのです。

では、どうしてこのような複雑な変態が、完全変態類で獲得されたのでしょうか。どのような有利な点があるのでしょうか。まず、幼虫と成虫が生活型、食性を異にすることにより、幼虫と成虫という同じ種の世代間での競争がなくなります。成虫は翅などをつかって新たな生活域を目指すでしょう。そして、生活史の分業ができます。つまり、幼虫期間は体を大きくする成長の期間、栄養活動の期間です。それに対し、成虫は子孫を作る生殖活動の期間です。生活史を明確に分業することはきっと効率的なのです。

そして、最も大きな変態の利点があります。食性を例にすると分かりやすいでしょう。もし、幼虫と成虫ともに同じ餌を食べていたとすると、餌として利用できるものは世代の全期間を通して「ある」ものでなければなりません。例えば、咲いている期間のたいへん短い花などは、とても餌にはできないのです。したがって、幼虫と成虫がまったく異なった形、生活型、食性などをもつことにより、幼虫と成虫が同じようである昆虫、例えば「不完全変態類」などでは利用できなかった餌や環境も利用できるようになるのです。このことはとても重要です。かりに完全変態類の幼虫が不完全変態類にくらべ一〇倍の生活型や食性を、そして成虫も同様に一〇倍の生活型や食性のバラエティーをもったとします。すると、完全変態類は、食性や生活型などにおいて、一〇×一〇＝一〇〇倍の多様性をもつことになるのです。言い換えると、これにより完全変態類は一〇〇倍の生態系での「あり方」、すなわちニッチを得るのです。ニッチの数は種分化しうる種の数です。だから、変態を獲得した有翅昆虫類のなかの完全変態類は、莫大な数にその種を分化させることができたのです。昆虫類の大繁栄を支えている完全変態類、彼らの秘密はこれだったのです。

昆虫の特徴として、「外骨格」、「小さなサイズ」、「変態」について考えてきましたが、他にもたくさんの重要なものがあります。おそらく、それらはもっと目立つ体つきについての特徴です。①節からできている体は頭部・胸部・腹部の三部分に分かれる。②頭部には触角《しょっかく》や眼（複眼や単眼）や顎などの複雑な器官がある。③胸部は三節で、それぞれに一対ずつの肢があり、歩脚は三対である。

④胸部には二対の翅がある、などです。これらの特徴、どれをとっても素晴らしく、それは昆虫の大繁栄に大いに貢献してきたのです。ここではそれぞれについて考えるのでなく、大づかみにこのような昆虫類の体が進化の過程でどのように獲得されてきたかをみることにしましょう。

四　昆虫類独自の体制の獲得

昆虫の体は節、体節からできています。昆虫類を含む節足動物の祖先は、同じような体節がつながった、単純な体のつくりをした動物、例えばゴカイやミミズなどの環形《かんけい》動物のような動物であったであろうと考えられています。このような祖先から、昆虫類はどのように現れてきたのでしょうか。進化の道筋を辿ってみましょう（図６）。

（一）「同質体節制《どうしつたいせつせい》動物」段階　節足動物の祖先は、頭（口前節）と尾節が体の前端と後端にあり、その間の体の部分は同じような体節がずっと続いている、体のつくりをしていました。海に住むゴカイや土中のミミズ、つまり環形動物のような動物を想像すればいいです（図６Ａ）。各体節には一対の肢があり、また、神経の塊である神経節があります。肢のある各体節は移動の役割を果たすとともに、生殖活動や消化などの栄養活動も行います。このような、「同じような体節」からなる体のつくりを「同質体節制」といいます。

（二）「有爪《ゆうそう》動物」段階　有爪動物（カギムシ）は熱帯の土壌や朽木に住む、体長数センチメートルの生き物です。各体節には先端に爪のあるイボ状の肢があり、体表はベルベット状でとてもかわいらしい動物です。有爪動物は節足動物の起源と考えられています。この体つきは同質体節制の祖先に似ていますが、大きな違いが生じています。それは今までは同質体節制的であった前方の三つの体節が口前節に融合し、頭部が大きくなっています（図６Ｂ）。そして、今まで、例えば環形動物では歩く肢であったものが、これらの三つの体節では触角、大顎《だいがく》や口側《こうそく》突起（粘液を発射し防御や獲物を捕らえるのに用いる）になっているのです。同時にこれらの三つの体節にあった神経節は

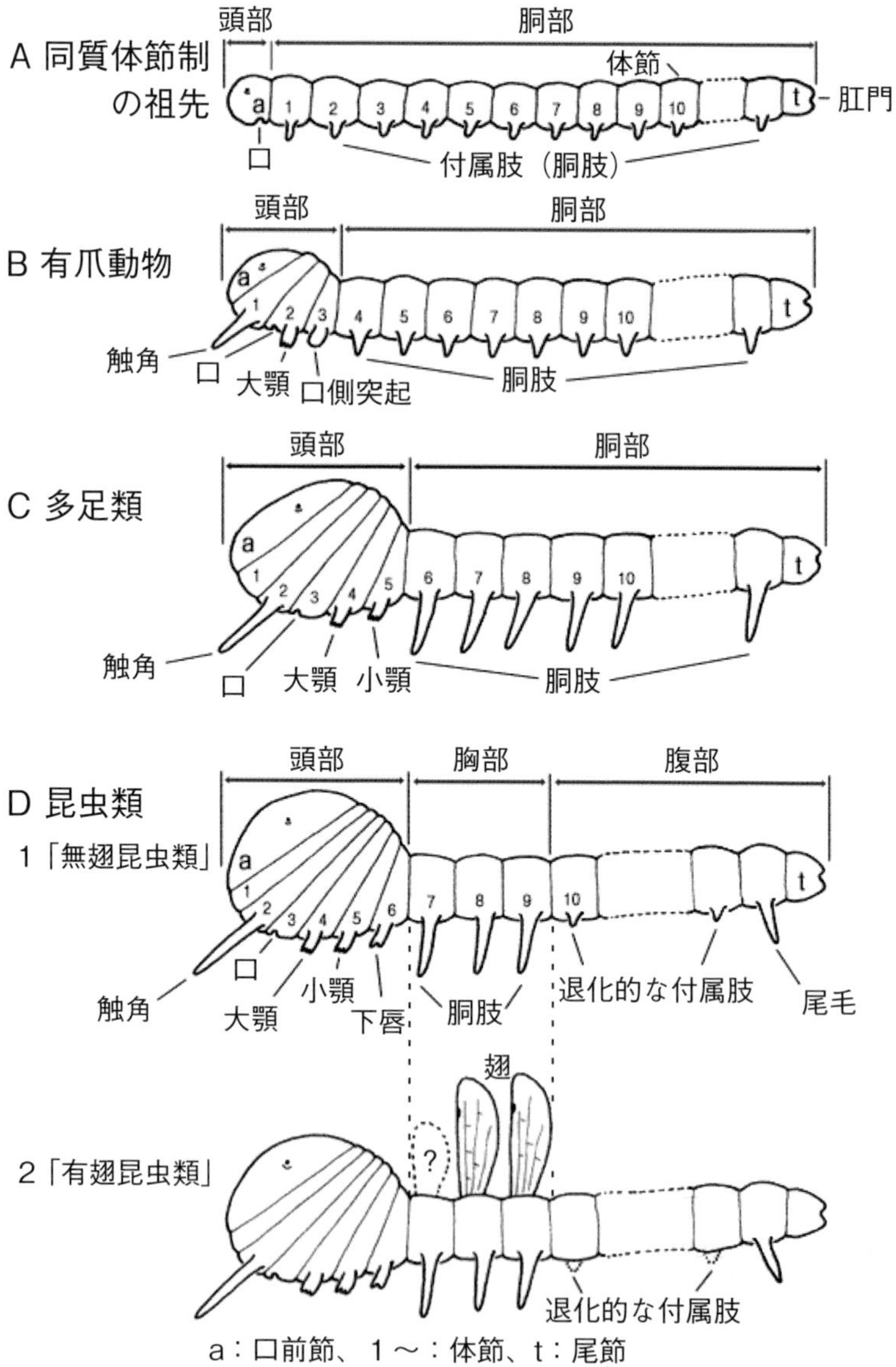

a：口前節、１～：体節、t：尾節

図６　昆虫類の体制への進化的変遷（A→D）

口前節の神経節と融合して大きな脳を形成するのです。このように前方の三つの体節に起こったように、機能分化で違った性格をもつようになった体節制を「異質体節制」といいます。この前方の三つの体節より後方の体節は「胴部」として、祖先と同様に同質体節制的です。

（三）「多足類」段階　いよいよ節足動物です。多足類のなかまの倍脚綱《ばいきゃくこう》（ヤスデ綱）や少脚綱（エダヒゲムシ綱）を例にみてみましょう。体の多くの体節は「胴部」として同質体節制的ですが、前方の体節ではさらに異質体節制化が進むのです。つまり、前方の五体節が頭部の体節として機能分化し口前節に融合し、より大きな頭部となり、また、各付属肢は（一部は退化するものの）触角、大顎、小顎《しょうがく》と変化します（図6C）。神経節もより大型化し頭部に組み入れられ、脳や大きな神経節となります。このように、頭部はさらに、複雑な口器を獲得し摂食機能を高め、また、脳が大型化するとともに眼も発達し統合機能も格段に向上するのです。

（四）「昆虫類」段階　さらに前方の体節に異質体節制化がおこり、第6体節まで頭部に組み入れられ、付属肢としては第二小顎（下唇）が新たに分化します。そして、脳も大きくなり、また、第4体節から第6体節の神経節が融合した大きな食道下神経節もできあがります。これにともない眼も立派な複眼となります。トンボなどをみると、その「頭」はどうみても一節にしか見えませんが、昆虫の頭部はもともとの口前節に六体節が融合した、七つの「節」から構成されるとても複雑で、統合・摂食に高度に「進化」したものなのです（図6D）。

昆虫の体制ではさらに重要なことが起こっています。多足類までは、頭部に統合されない体節は同質体節制的で、「胴部」として栄養活動（消化・吸収）と生殖活動（卵形成あるいは精子形成）を行っていました。しかし、昆虫類ではこの機能が体節間で分業されるのです（図6D）。まず、第7体節から第9体節は「胸部」と分化し、肢は歩くための肢としてさらに発達します。つまり今までの胴部の前方の三体節は移動という機能に専念するのです。そしてそれ以降の第10体節から第20体節＋尾節は、もっぱら栄養活動と生殖活動の機能を果たす「腹部」となるのです。腹部の11体節は移動という機能を放棄して、そのもともとあった肢は退化しますが、ただし、最後の第11腹節の肢はしばしば尾毛という突起として残り、「後方の触角」として機能します。

　このように昆虫の体は異質体節制化を極限まで進めたものなのです。摂食・統合を専業とする「頭部」、移動のための「胸部」、もっぱら栄養・生殖活動を行う「腹部」の三部分に体が分かれたのです。このように体が部分ごと「専業化」することにより、体自体の機能が大いに高まったのです。

　このような観点からたいへん興味深いのが、最も原始的な外顎類《がいがく》（真正昆虫類）であるイシノミ目です（図4、図7）。イシノミ目は湿った岩に生える緑藻《りょくそう》を餌としている、まだ翅を獲得していない「無翅昆虫類」の一員です（表1）。彼らをよく観察してみると腹部の体節の肢が完全には退化せずに残っているのが分かります（図6D1、図7）。まさに異質体節制化進行の途中段階をみるようです。

　そして、昆虫類は「有翅昆虫類」の段階に入り、さらなる発展を遂げるのです。胸部の「移動」という機能にさらに磨きをかけました。「翅」の獲得です（図6D2）。第2・第3胸部体節に一対ずつ翅を発達させ、昆虫は「大空」を手に入れ

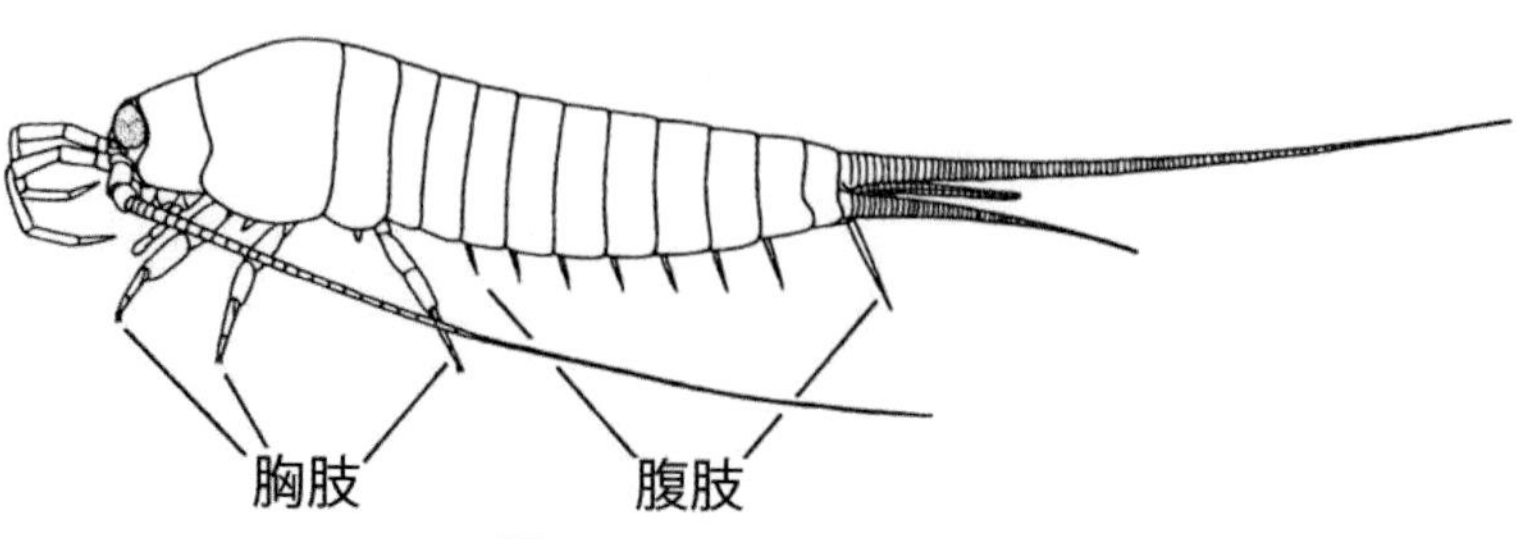

図7　イシノミの体つき

たのです（大昔の有翅昆虫類の祖先は、第1胸部体節にも、もう一対小さいながらも、翅をもっていたらしいのです。それが進化の過程で退化してきました）。

昆虫類はこのような独自の体制を手に入れ、これを武器に新たなニッチを開拓し、その大繁栄に突き進みました。最後に、この昆虫の大成功のストーリーのなかで特筆すべき「翅」の獲得についてみてみましょう。この翅は文字通り、新たな生息地、ニッチを求める冒険の素晴らしい道具となっただけでなく、「空」という生息環境、いろいろな生活型も可能にしたのですから、昆虫類が占めうるニッチの爆発的な拡大も約束したのです。

五 翅の獲得

動物の進化のなかで、昆虫の翅の獲得は一大イベントです。そのような大事な翅ですが、それが「どこから出来たか?」、これは難問で、決着はついていないのです。鳥やコウモリの翼は、二対ある肢の前の一対が飛行に適するように変形したもの、これは良く理解できます。では、昆虫の翅は何からできたのでしょうか。これまで、大きく分けて二つの仮説、「背板《はいばん》起源説」と「肢起源説」がありました（図8）。

昆虫の体は体節でできていて、各体節は背中を背板、腹面を腹板、そして背板と腹板の間は側板という外骨格性の板で被われています。肢は側板から生え、翅は側板の上部で体と関節しています。翅の「背板起源説」では、背板の側方部（側背板という）が張り出して、翅になるとの考えです。一方、「肢起源説」は肢の基部にできた突起が翅になったというのです。前者の「背板起源説」は、背板は体の背部にある板状の構造なので、翅が「体の背部にある板状の構造」である点で都合のいい仮説ですが、それを動かす筋肉の由来を説明できません。一方の「肢起源説」では、翅が「体の背部にある板状の構造」であることの説明には不都合ですが、肢はそれ自体を機能させる多くの筋肉があるので、翅を動かす原動力の説明には適していました。

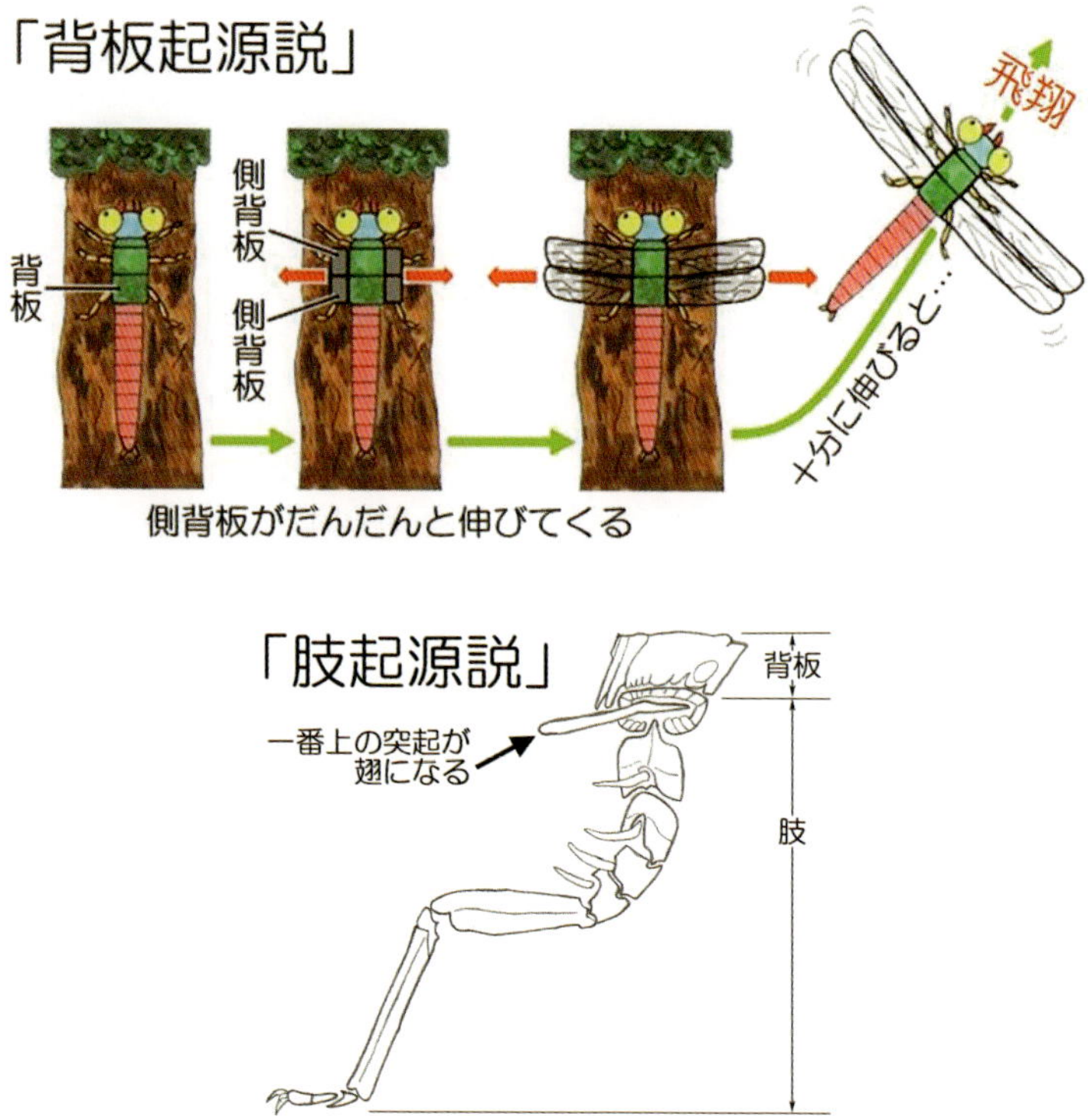

図8　背板起源説と肢起源説（Kukalová-Peck（1987）を改変）

このような議論に決着をつけるべく、フタホシコオロギ（図9）を材料に翅の形成過程を走査型《そうさがた》電子顕微鏡で詳細に検討しました。その結果（図10）、背板と肢の境界を明確に示すことができました（赤矢尻）。これにより、「翅の本体部分」は「背板」（ピンク）に由来する一方、「翅が体に関節する部分」および「翅を動かす筋肉」は肢の最基部の節「亜基節（この節は平らになり側板となる）」（ブルー）に起源することが分かりました。すなわち、これまで議論をたたかわせてきた「背板起源説」も「肢起源説」も両方あっていた、翅は「二元起源」だったのです。

図9　フタホシコオロギ

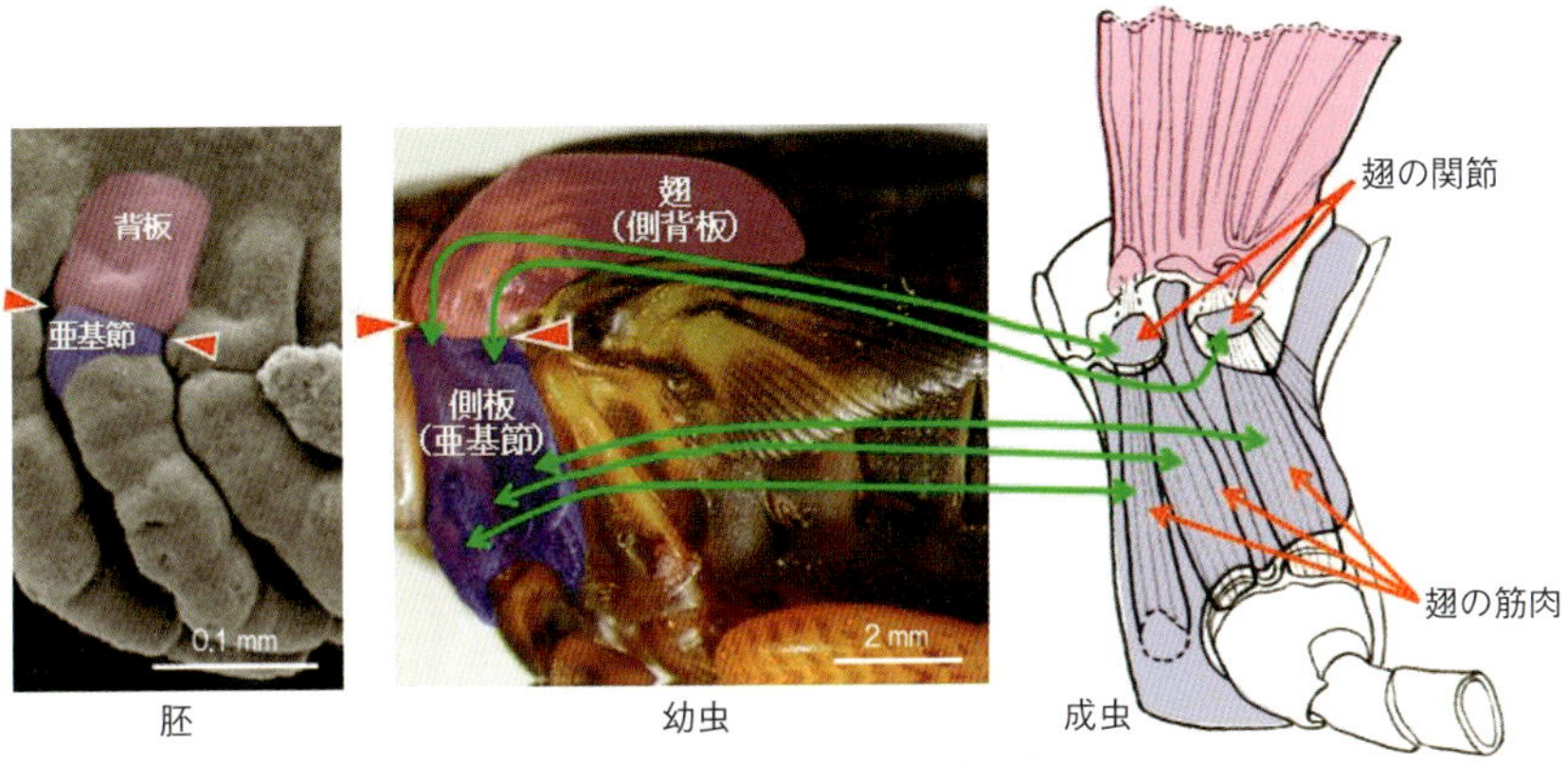

ピンク：背板、ブルー：亜基節つまり側板、▶◀：背板と肢の境界

図10　翅の由来（一番右の図はSnodgrass（1935）を改変）

全動物種の七五パーセントをも占めるまで繁栄した昆虫類は、数億年を掛けてこのように進化してきました。厳しい自然淘汰や生存競争のもと、昆虫は自らの体を磨き上げると同時に、ニッチの飽くなき開拓を行ってきました。昆虫類のサクセスストーリーにはこのような背景があったのです。

（町田龍一郎）

一章

昆虫のからだのしくみ

見慣れている昆虫ですが、私たち人間とはまったく違った体の作りをしています。昆虫のからだの「不思議」、紹介します。

噛《か》む口、吸う口、舐《な》める口
～昆虫類の多様な口器～

昆虫は、自然界のあらゆる環境に進出し、その過程でさまざまな餌を食べる仕組みを進化させてきました。例えば、バッタやトンボは典型的な「咀《そ》嚼《しゃく》型の口」を使って葉っぱや小昆虫を噛みちぎります。カメムシやセミは植物に、カは動物に「針のような細長い口」を突き刺してその汁や血液を吸います。チョウは「ストローのような口」で花の蜜を吸い、ハエは「スポンジのような口」で餌を舐めとります。このように、昆虫は多種多様に特殊化した口をもっていますが、実はこれらは「昆虫が共通してもっている部品」がそれぞれ独自に変化し、組み合わさることで作られているのです。

昆虫の口は基本的に、上唇《じょうしん》、一対の大顎《だいがく》、一対の小顎《しょうがく》、下唇《かしん》と呼ばれる四つの部品が組み合わさってできています（図1－1）。バッタなどの

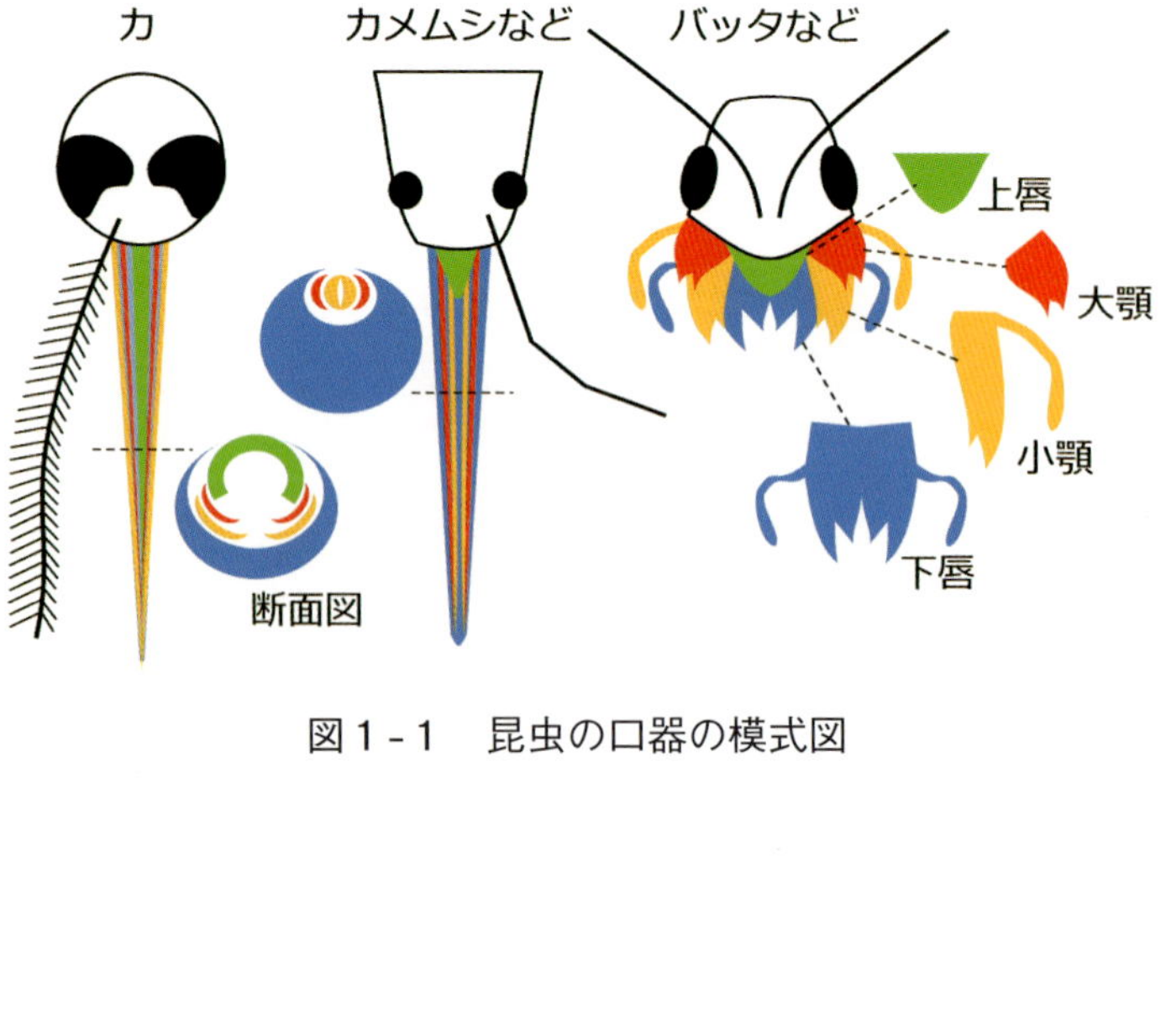

図1－1　昆虫の口器の模式図

咀嚼型の口では、主に大顎と小顎が餌を噛む役割を果たしますが、カメムシやセミではこの大顎と小顎の一部が、カの仲間では四つの部品すべてが針のように細くなっています（カメムシやセミの腹側には太い針のような構造がありますが、これは細い針状の口器の「鞘《さや》」のようなもので、吸汁するための口器はこの鞘の内側にあります）。チョウのストロー型の口は、小顎の一部である一対の部品が合わさってできていて、上唇や大顎はほとんど退化してしまっています。ハエのような舐める口では、大顎や小顎はほとんど退化し、大きく発達した下唇の先端にある無数の小さな溝に液状の餌を染み込ませているのです。（真下雄太）

昆虫は口で呼吸をしない！巨大キリギリスの大きな気門《きもん》

マレーシアで調査をしていたときのことです。頭上でバサバサと羽音をたてながら飛んでいく緑色の飛行物体を目撃しました。追跡し姿を確認すると、それは掌《てのひら》にようやくおさまるほどの巨大なキリギリスの仲間でした（図1－2）。まるで木の葉のような翅《はね》、太く長い肢《あし》、頑丈な大顎《だいがく》、長い触角《しょっかく》……規格外の容姿です。おそらく、世界最大級のキリギリス類でしょう。私はこの遭遇により、マレーシアの自然の奥深さを実感することができました。

このキリギリスをさらに観察すると、腹部の側面に複数の孔《あな》が並んでいるのが確認できました。この構造は気門と呼ばれ、昆虫類の胸部・腹部の側面に存在します。気門はたいがいの昆虫にみられますが、小さな孔のため通常肉眼での確認は容易ではありません。しかし、この巨大キリギリスでは気門（図1－2）を容易に見分けることができました。

さて、ここで昆虫類の呼吸のしくみについてみていきます。昆虫類の体内には、いくつも枝分かれした気管という管が存在します。気門は気管の開口部であり、新鮮な空気はここから気管へ入り

図1-2　巨大なキリギリスと気門

ます。気管では、体内の二酸化炭素が排出され、空気中の酸素が体内に吸収されます。以前、私はカブトムシの体内の構造が気になり解剖したことがあります（ちょっと残酷ですが、科学においては解剖も大切です）。驚いたことに、カブトムシの体内の大部分は気管で占められていました！　きっと、あの巨大キリギリスの体内にも太い気管がはりめぐらされているかもしれません。

昆虫類の呼吸のしくみは、肺をもち口で呼吸を行う私たちヒトとは根本的に異なっていることがお分かりいただけましたか？　昆虫類と私たちヒトでは、長い進化の歴史の中で異なった過程を経て呼吸のしくみを獲得してきた、ということをうかがい知ることができます。進化って面白いですね。

（清水将太）

脱皮とクチクラの不思議

昆虫の表皮から分泌された丈夫な膜を「クチクラ」と呼びます（クチクラは液体として分泌され、やがて硬化するのです）。昆虫は、人間や魚などのような骨をもちません。代わりに、クチクラが体を支える役割を果たしています（これを外骨格《がいこっかく》と呼びます）。硬いクチクラで覆われた昆虫は、脱皮を繰り返すことで成長します（成虫になる脱皮を羽化といいます）。脱皮が近づくと、まず古くて硬いクチクラの下に新しい柔らかなクチクラが表皮から分泌されます。そして古いクチクラを脱ぎ捨て、新しいクチクラが硬くなることで脱皮が完了します。簡単な作業に思えますが、実は繊細で命がけの作業なのです。その理由は、昆虫の呼吸のしくみに関係しています。

昆虫は口ではなく、体表に規則的に並ぶ「気《き》門《もん》」から空気を取り込みます。気門は、体中に張りめぐらされた「気管」という細長い管につながっています（図1－3）。この気管を通して体中に新しい空気を送り、循環させることで呼吸をしています。実はこの気管も、元々は表皮が体内に管状に陥入してできたものなのです。そのため、この気管の内側にも、体表と同様にクチクラが分泌されます。つまり、脱皮をするときには体表だけでなく、この気管のクチクラも脱ぎ捨てなくてはならないのです。トンボやセミなどの抜け殻の内側に、白い糸のようなものが並んでいるのを見たことはありませんか？（図1－4）実はこれが

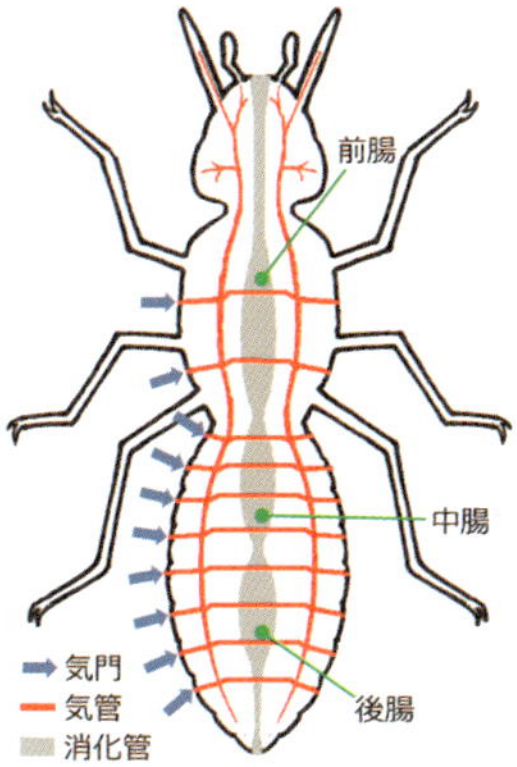

図1－3　昆虫の気管の概略図

図1－4　トンボの羽化（右は黒枠の拡大）
矢印は気管から抜け出たクチクラを指す

気管から抜け出たクチクラなのです。さらに、表皮が陥入してできるのは、気管だけではありません。前腸・後腸という消化管の一部も表皮が陥入してできていますから、ここにもクチクラが分泌されます。したがって、脱皮のとき、これらの消化管のクチクラも脱ぐことになります。

　昆虫にとって脱皮が、繊細で命がけの作業な理由。それは、脱皮のたびに気管や消化管などの細長い管状部から、新しいクチクラが硬くなる前に速やかに古いクチクラを脱ぎ捨てなければならないことなのです。もし脱皮中の昆虫を見つけた場合は、触らずにそっと見守ってあげてくださいね。

（真下雄太）

ノミの心臓はどこにある？
～昆虫の心臓～

　とても気が弱い、臆病な性質のことを「蚤《のみ》の心臓」と呼ぶことがありますが、そもそも昆虫の心臓がどこにあるのか、そんなことを考えてみたことがある人はあまり多くないかもしれません。実は、昆虫は心臓を最も多くもっている生物なのです。

　昆虫は、そもそもヒトのような体中に張り巡らされた血管をもっていません。その代わりに、体の中が血液で満たされており、背中を縦に走る背《はい》脈管《みゃくかん》という長いポンプを使ってこれを循環させています。この背脈管は、頭部から腹部の先まで伸びた長い管のような構造で、一対ずつ並んだ心門と呼ばれる穴から血液を取り込み、体の後方から前方へ送り出すように拍動します（図１－５）。

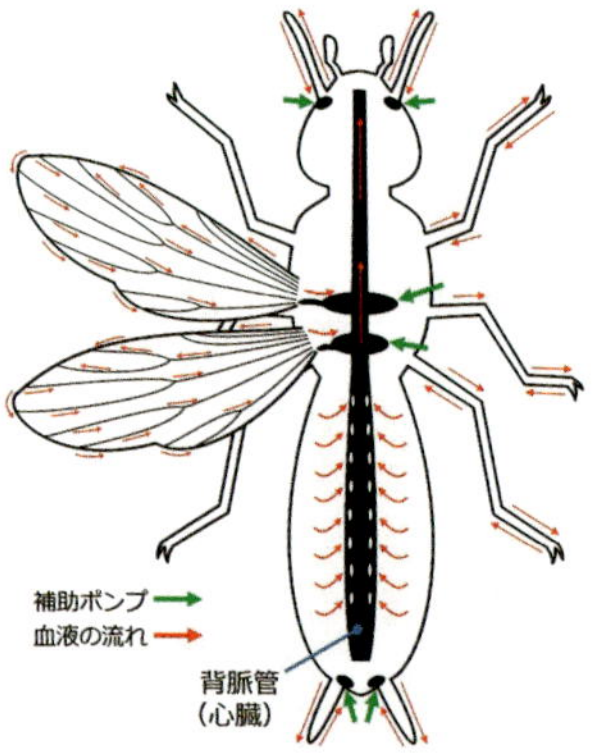

図１-５　循環図
背脈管のほか、触角や翅などの付け根にも補助ポンプがあり血液を循環させる（背脈管の白い点は心門）

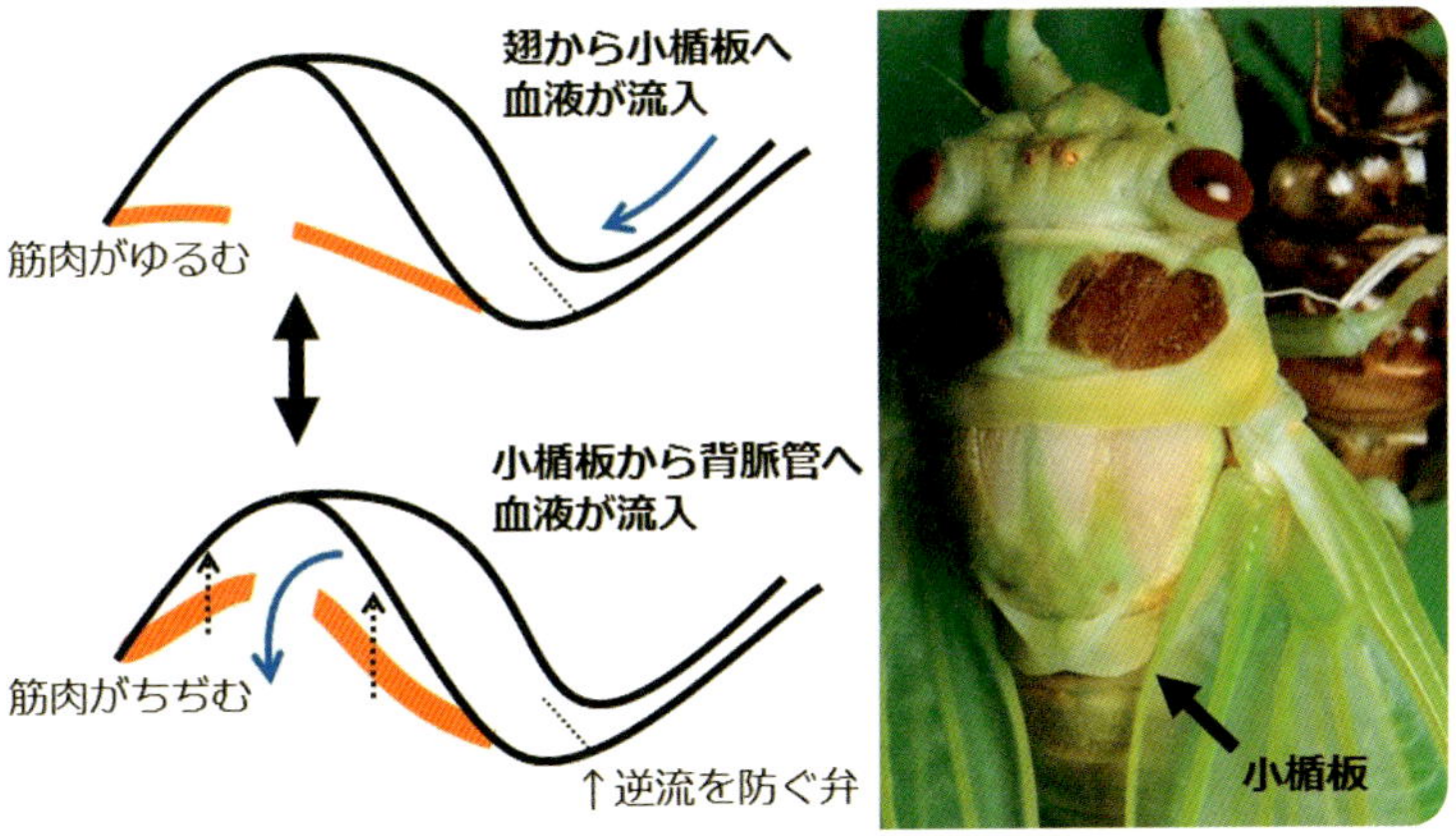

図1-6　小楯板の断面図
筋肉の弛緩によりポンプの体積が増え、血圧が下がることで、翅の血液を回収する

これが昆虫の〝心臓〟です。イモムシなどの柔らかい虫の背中をよく見ると、実際に拍動する様子が比較的簡単に観察できます。

昆虫の体は血液で満たされていると述べましたが、これは触角《しょっかく》や翅《はね》などの突出部も例外ではありません。例えば、翅には翅脈《しみゃく》という細長い管状の構造が無数に走っており、この翅脈にも血液が通っています。前方の翅脈から流れ込んだ血液は、先端、後方の翅脈を経由して胸部に戻ります。こうした突出部の隅々まで血液を巡らせるには、背脈管だけでは力が足りません。そのため突出部の根元にはそれぞれ、補助的な拍動器官、つまり小さなポンプが血液を汲み出すために発達しています。翅であれば、背中の一部が膨らんだ小楯板《しょうじゅんばん》が血液の回収に貢献しており、専門的にはこれをウイングハート（翅の心臓）と呼びます（図1－6）。

こうした循環器系は、他の動物のように体全体に栄養やホルモンを巡らせたり、老廃物を回収したりすることはもちろん、部分的に血圧を高めて

図1-7　ヒメカマキリモドキ

脱皮を促したり翅を伸ばしたりするなどの重要な働きも担っています。

（真下雄太）

良く似た形の生き物

図1-7を見てください。皆さん、この虫は何の仲間だと思いますか？　前足が鎌になっていて、大きな目、きゃしゃな体つきをしています。多くの方は「カマキリだ」とお答えになります。しかし、昆虫に詳しい方は「カマキリの翅《はね》は透明だったかな？」と違和感をもたれるかもしれません。もっと詳しい方は「カマキリモドキ！」と即答されることでしょう。

そうです。本種はヒメカマキリモドキという昆虫で、カマキリではありません。分類学的にもウスバカゲロウ（幼虫はアリジゴク）などのアミメカゲロウ目の仲間で、カマキリとは全く異なります。しかし、カマキリ同様、生きた昆虫を捕食します。そのために、獲物を探す大きな目と、獲物

図1－8　アミカ科の一種（幼虫）

を捕らえる大きな鎌をもつようになったのです。このように異なる分類群で同じような生態・形態に進化することを「収斂《しゅうれん》進化《しんか》」と言います。

他の例を挙げてみましょう。見た目はちょっと気持ち悪い（いや、可愛い！）ですが、図1－8を見てください。これはアミカ科の一種（ハエの仲間）の幼虫で、腹側から撮影したものです。黒い吸盤が縦に六つ並んでいるのが分かります。この幼虫は川に住んでいて、激流の中、岩にへばりついて生きています。その際、この吸盤を使って岩の表面に張り付くのです。同じように吸盤をもつ生き物にタコやイカがいますね。アミカとタコ・イカとでは同じ〝張り付く〟という生態を通じて、〝吸盤〟という共通の器官をもちました。

私たち人間も生活の中で〝鎌〟や〝吸盤〟などの道具を用いています。これらも一種の収斂進化の結果なのでしょうか。それとも人間が動物の形態を観察して真似をしたのでしょうか。う〜ん……。皆さんはどちらだと思いますか？　（小粥隆弘）

二章

いろいろな生き方

昆虫はいろいろな「作戦」や「方法」を使いながら、あるときは逞《たくま》しく、あるときは巧みに生きています。いくつかの例を紹介しましょう。

コブハサミムシ命のリレー

ハサミムシ類は、その名の通り「はさみ」をもつグループです。このはさみは、主に攻撃などに使われます。「コムシが誘う自然への入口」(56ページ)で紹介している「ハサミコムシ類」もはさみをもつ昆虫で、よく似ています。しかし、両者はまったく異なる進化の道すじをたどったグループです。ハサミムシ類は、世界で約二〇〇〇種、日本では約二〇種が知られています。菅平などの山間部では、コブハサミムシという種類をよく見かけます(図2-1)。

このコブハサミムシは、一年で世代交代します。春先に孵化《ふか》して夏に成虫となり、成虫の状態で越冬します。普段は植物上で生活していますが、越冬の際には地中へ移動します。そして雪解けが進んだ春先、母虫は川原の石の下などに巣をつくり産卵します。しかし、産卵後、卵を放置するのではなく卵や若い幼虫の世話をします。このように親が子の世話をする行動は、「保育行動」と呼ばれています。

本種の母虫は全卵を一か所に積み重ね、しばしば卵を舐《な》めたり動かしたりします。そして、幼虫が孵化する際には卵の殻を除去し、幼虫が巣の外へ出てしまったならば巣に連れ戻すという行動をとります。なんと献身的な母の姿(図2-2)でしょう!

保育行動は、ハサミムシ類の大きな特徴の一つです。ハサミムシ類は、生きた化石と呼ぶにふさ

図2-1　コブハサミムシ

わしい「原始的」グループと、より進化した「高等」グループに分けられます。コブハサミムシは「高等」グループの一員です。「高等」グループの保育行動パターンは、いずれも献身的で複雑なものです。それに対し、「原始的」グループの保育行動パターンはシンプルで、母虫が卵や若い幼虫に寄り添う程度です。「原始的」ハサミムシの一種、ドウボソハサミムシ（関連68ページ）の保育行動を観察したところ、ハサミムシ類は進化の過程で保育行動を複雑化させてきたことが分かりました。

ハサミムシ類の研究を通して、私は「ハサミムシ類の親子の絆って素晴らしい！」と感動せずにはいられません。

最後に、コブハサミムシの孵化後の行動についてお伝えします。本種の幼虫は、孵化後しばらくして巣立ちます。実は、巣立ち前に衝撃的な出来事が起きます。母虫がわが子に食べられてしまうのです！ 小さな幼虫は母虫を食べ、広い世界へ旅立つのです（図2－3）。

次の世代にリレーされる命。皆様はどのようにお感じになりますか。

（清水将太）

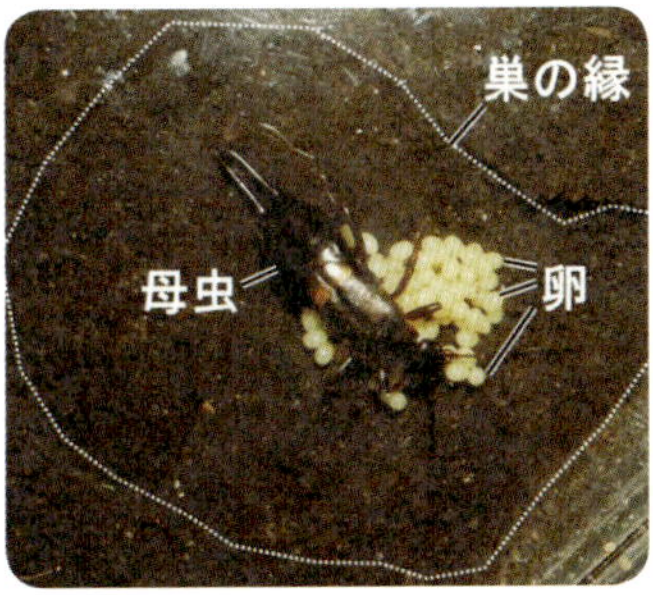

図2-2　コブハサミムシの巣の様子

図2-3　幼虫は母虫を栄養として巣立っていく

カッコウのつば？

　植物の茎や根に、小さな泡のかたまりがついているのを見かけたことはありませんか？　海外では「カッコウのつば」「カエルのつば」と呼ばれるそうです。この泡の正体は、アワフキムシ（図2－4）の幼虫が作り出したものです。枝などで泡をどかしてみると、中からセミの幼虫に似た、一センチメートルに満たない小さな虫が現れます（図2－5）。この泡は、成虫になるまで絶えず幼虫の周りを覆い、乾燥や捕食者・寄生者などから幼虫を保護してくれる優れものです。では一体、幼虫はどうやってこの泡のかたまりを作り出しているのでしょうか。

　植物の中には、主に根から吸い上げた水分を運ぶ道管と、葉で作られた糖などの養分を運ぶ師管が通っています。セミやヨコバイの仲間（カメムシ目）であるアワフキムシの幼虫は、口針《こうしん》という針のような口を植物に突き刺し、植物の汁を吸い

図2-4　アワフキムシ成虫

図2-5　泡と幼虫（矢印）

ます。より具体的には、道管を流れる液体を吸収するのですが、この液体にはわずかな栄養分しか溶け込んでいません。そのため、幼虫は必要な栄養を補充するために大量に吸汁し、老廃物であるアンモニアと大量の水分を排泄します。この体外に排泄された水分に含まれたアンモニアと幼虫が分泌したワックス（蝋《ろう》）が混ざると、鹸化《けんか》反応が起こります。つまり、体のまわりに「石鹸水《せっけんすい》」ができます。昆虫の体表には、気門《きもん》という呼吸のための小さな穴が開いていて、ここから体のまわりを覆う石鹸水に空気が吹き込まれることで、泡ができるのです。

（真下雄太）

アブラムシの繁殖戦略

暖かい時期になるとあちこちでよく見かけるようになるアブラムシ（カメムシ目）（図2－6）。庭木や農作物の害虫として、よくご存じの方も多いのではないかと思います。いつの間にか植物の

図2-6　アブラムシ（イラスト：加藤大智）

上に現れてあっという間にその数を増やしているアブラムシですが、彼らがどうやって爆発的に数を増やしているのかご存知でしょうか。

アブラムシの仲間は、餌となる植物が生い茂る春から晩夏にかけて、何世代にもわたって母親がメスだけを産む単為《たんい》生殖を行うことでその個体数を増やします。秋になるとメスとオスの両方が現れて交尾を行い、冬越しのための休眠卵を産みます。そして、春になるとその卵から育った新たなメスがまた単為生殖を繰り返します。オスとメスの両方が必要な有性生殖は、遺伝的に多様な子孫を残すことができますが、手順が複雑で個体数を増やすのに時間がかかります。一方で、単為生殖は、子孫はすべて遺伝的に均一（クローン）になってしまいますが、手順が簡単で急速に個体数を増やすことができます。この有性生殖と単為生殖を季節によって周期的に切り替えることで、アブラムシは遺伝的な多様性を生み出しつつ、とても効率的に子孫を増やしているのです。

そして実は、アブラムシの繁殖力の高さには単為生殖のほかにもう一つ大きな秘密があります。それは「胎生《たいせい》」、つまり子が母親の胎内で成長してから生まれるということです。アブラムシが卵を産むのは冬越しのときだけで、単為生殖を行う時期は胎生で子孫を増やします。母親の胎内には一対の卵巣があり、それぞれが五本から六本の卵巣小管からなり、卵巣小管一本につき数匹の子供が育っています。つまり、母親一匹の胎内では常に数十匹の子供が育っているわけです。そして、さらに衝撃的なことに、生まれる前の子供の胎内ですでに孫が育ち始めています……。

周期的な単為生殖と胎生、この二つの戦略を採用することでアブラムシは爆発的に繁殖力を高めているのです。

（真下雄太）

ミツバチの生態

質問：「働き蜂は全部メスである」と聞いたことがあります。では、女王蜂と交尾するオスはどこにいるのですか？　など、女王蜂の生態について教えてください（「菅平生き物通信」の読者の方より）。

ご質問ありがとうございます。蜂の種類により生態に違いがありますが、今回はミツバチ（図2－7）を例にしてお答えします。

通常、女王蜂は巣の中に一匹しかいません。ところが毎年春から夏にかけて、新たな女王蜂が誕生します。卵自体はふつうの働き蜂と同じですが、女王蜂候補となった数匹の幼虫は特別な部屋の中で育てられ、ローヤルゼリーという特別な餌を与えられます。二週間ほどすると成虫が現れますが、新女王蜂は一匹しか生き残れません。一番早く成虫になった蜂が、ほかの蜂を殺してしまうのです。

キンモクセイに分蜂中のミツバチがいます。
右側の丸で囲んだところにミツバチの集団がいます。
左側の楕円で囲んだところには働き蜂が飛び交っています。
図2-8　分蜂中のミツバチ

図2-7　ミツバチ（働き蜂）

生き残った女王蜂は巣の外でオスと交尾を行い、寿命が来るまで巣の中で卵を産み続けます。オスは新女王蜂と交尾するためだけに産まれ、交尾までの間は働き蜂に養ってもらい、交尾が済んでしまうと巣から追い出されてしまいます。

さて、新女王蜂の候補を産んだ女王蜂はというと、彼女たちが蛹《さなぎ》になるころ、多くの働き蜂を引き連れて巣を離れます。春先から初夏にかけて、大量のミツバチが群れている場面に出くわすことがあります（図2－8）。これは女王蜂率いる大集団が引っ越し先を探している最中の状態で、分《ぶん》蜂《ぽう》（分封）と呼びます。分蜂中の蜂はおとなしく、手で触っても刺しません。数日すれば新しい居場所を見つけて旅立ち、女王蜂は新居で卵を産み続けます。新しい巣に引っ越すのは新しい女王蜂ではなく、古い女王蜂であるところに娘への愛情を感じますね。

（武藤将道）

いろいろなハチの巣

皆さんはハチの巣と聞くとどのようなものを想像するでしょうか。私たちの住居にさまざまな様式があるのと同じように、ハチの巣にもさまざまなものが存在します。一番に思いつくのは恐らく樹木や家の軒下などに作られたものかと思います。私たちが普段目にするものはこうしたタイプの巣です。しかし、目立たないところにこっそりと巣を作っているハチも、実は数多く存在します。

例えば土の中。図2－9は、今年の夏、土壌中の昆虫を採集しようと石を持ち上げたときのものです。土の中に何か白っぽいものが見えています。これは土の中に作られたハチの巣であり、しばらくすると巣の中から成虫が姿を現しました。クロスズメバチやオオスズメバチなどは、このように土の中に営巣することが知られるため、山道などを歩く際はうっかり踏み付けないよう注意が必要です。

また、図2－10のような巣を作るハチもいます。ドロバチと呼ばれるハチの仲間の巣です。成虫はこのような泥で作った巣の中に卵を産み付け、さらに幼虫の餌となる青虫などをこの中に入れます。孵化《ふか》した幼虫は巣の中で餌を食べて成長し、やがて羽化に至ります。この巣は窓のサッシに作られていたものですが、このように民家の窓辺や壁などに巣を作ることも多いそうです。人への攻撃性は低く、直接手で触れたりしない限りは刺されることはありません。もしもこのような巣を見つけたら、無闇に駆除することなく幼虫の成長を見守ってみてはいかがでしょうか（93ページに紹介されているオオフタオビドロバチもこの仲間です）。

（松嶋美智代）

冬を乗り越える虫たち

冬のはじめ頃、菅平高原実験所内には大量のカメムシがお目見えします。スコットカメムシ

図2-9　土の中の巣

図2-10　ドロバチの仲間の巣

（図2－11）という名のこのカメムシ、皆さんにも覚えはないでしょうか？　何故、冬が近づくと彼らは大挙《たいきょ》して建物の中へと押し寄せるのか。その目的は冬の寒さを暖かな屋内でやり過ごすことにあります。越冬のための賢い手段ではありますが、これほど大量に目に留まるのは彼らカメムシくらいのものです。それでは他の昆虫はどのようにして、寒い冬を乗り越えているのでしょうか。
例えばアシナガバチやスズメバチなどのハチは、越冬するのは翌年新たな女王となる個体のみで、その他はすべて冬が訪れる前に死んでしまいます。

図2-11　建物内で越冬するスコットカメムシ

生き残った新女王は、一匹だけで朽木や土の中など寒さをしのげる場所を選んで越冬し、やがて冬が終わると、新しく巣を作り自身のコロニーを繁栄させます。そのほかにも樹皮の下や土中に潜り冬の寒さをしのぐ昆虫は多く、夏場にはそこら中を飛び回っていた虫が鳴りを潜める頃、木の樹皮を剥いでみると意外な昆虫に出会えることがあるかもしれません。
そのほか、成虫ではなく卵や幼虫、蛹《さなぎ》として冬を越すものや、壁の隙間などに密集して集団で冬を越すものなど、虫たちはさまざまな方法で長い冬を乗り越えています。多くの虫が人目につかないところに身を潜めているこの季節、虫が苦手だという人には喜ばしい季節かもしれませんが、そこかしこにひっそりと隠れた虫たちを探してみると、何か新しい発見があるかもしれません。

（松嶋美智代）

冬の虫
～翅《はね》が退化したフユシャク～

冬になると私たちも部屋にこもりがちになります。樹木は葉を落とし、昆虫たちも土や朽木の中で冬眠しています。しかし、この冬の時期だけに登場する昆虫もいるのです。

冬の昆虫の代表は、なんと言ってもフユシャク（蛾の仲間）でしょう。夜、部屋の灯りに地味な灰色の蛾（図2－12）が来ているのを見たことはありませんか？　これがフユシャクです。彼らは一一月から三月まで、複数の種が入れ替わり発生します。ちなみに灯りに来ている蛾はすべてオスです。メスは翅《はね》が退化し、イモムシのような形をしています（図2－13、とっても可愛い）。もちろん飛ぶことができないので、落ち葉や雪の上、樹の幹などにしがみついています。たびたび、建物の壁にも張り付いています。

なぜフユシャクのメスは翅が退化してしまった

図2-12　フユシャクのオス

図2-13　フユシャクのメス

のでしょうか？　そもそも昆虫は飛ぶことができたおかげで餌や交尾相手の探索、捕食者からの逃避が可能となりました（関連15、46ページ）。一方で、飛ぶことは翅や飛翔筋を作ること、維持することに沢山のエネルギーを必要とします。一般的に、翅を退化させた昆虫は飛ぶことの利点を捨て、卵などの繁殖へエネルギーを投資することを選択したと言われています。また一説によると、翅を失くすことによってより低温で活動可能になると言われています。ある種のフユシャクのオスは摂氏マイナス三度、メスはマイナス七度で寒さによる仮死状態になります。しかし、オスの翅を切除してやると、メスと同じくマイナス七度まで耐えられることが示されています。

暖かい春はまだまだ先ですが、不思議な昆虫フユシャクを是非探してみてください！

（小粥隆弘）

結婚するために目が飛び出ちゃった昆虫たち

女性にモテたい！　彼女が欲しい！　これらは多くの男性にとって、大きな欲求の一つではないでしょうか？　動物のオスたちも例外ではなく、メスに惚れられるように、またペアを組めるように頑張っています。その頑張りは精神的なものだけではなく、結果的に体のつくりまで変える種もいます。ここでは、二種の昆虫を例に異性の存在によって起こる進化「性淘汰《せいとうた》」をご紹介します。図2－14

一例目はエゴヒゲナガゾウムシです。図2－14のように、オスはメスよりも不自然なほど眼が飛び出しています。なぜこのような形をしているのでしょうか？　その理由は、メスをめぐるオスたちの闘争方法から推察することができます。オスは、同じメスを求めるライバルオスと出会うと互いに向き合い、戦いを始めます。両者は触角を擦り合わせることで頭の大きさを比べ、より大きな個体が勝利します。それでも決着がつかない場合、頭突きをして勝敗を決めます。結果、頭を大きくするために、目を飛び出させる遺伝子が後世に残ると考えられています。

二例目はシュモクバエ（図2－15）です。シュモクバエは上記のヒゲナガゾウムシよりも顕著に両目が離れています。日常生活をおくる上で、さぞや苦労が多いことでしょう。しかし、シュモクバエの一部のメスは、両目間の距離が長いオスを好み、群がります。こちらの例では、オスは争うことなく、両目が離れているだけでモテてしまうのです。

右記二種は、配偶者を得るため、配偶者に好まれるため、結果的に目が飛び出るような進化を遂げました。このように異性をめぐって起こる生態的、形態的な進化を性淘汰と呼びます。他の有名な例として、クジャクの翼、カブトムシの角などが挙げられます。私たち人間にも、性淘汰は起きているのでしょうか？　興味深いですね。

（小粥隆弘）

図2-14　エゴヒゲナガゾウムシ
（左がメス、右がオス）

図2-15　シュモクバエ
（撮影：加藤大智）

小さな体で賢く生きる ヒメシジミ

ヒメシジミは、北海道や本州の低山地～山地で、草地に生息しています。六月頃から、菅平高原の草原でも成虫が見られます。小さなチョウですが、オスの翅《はね》は青味がかった色合いでとてもきれいです。メスは、茶色がかった地味な色合いをしています（図２－16）。シロツメクサをはじめ、ナワシロイチゴ、ヒメジョオン、ヤマハタザオなどさまざまな花から吸蜜《きゅうみつ》する様子は、とても可愛らしいです。

ヒメシジミは卵で冬を越し、春に卵から孵《かえ》った幼虫は、ヨモギ・アザミ類などのキク科や、バラ科、マメ科などの植物を食べて育ちます。幼虫の周辺には、よくアリが一緒にみられます。アリのお目当ては、ヒメシジミの幼虫が分泌する蜜です。幼虫の体表には、蜜を分泌する腺があり、アリはこの部分を舐《な》めています。ヒメシジミもタダで蜜

図２-17　アリに運ばれるヒメシジミの幼虫

図２-18　幼虫の周りをアリが歩き回る様子

図２-16　ヒメシジミ成虫（左がメス、右がオス）

をあげているわけではなく、敵が近づいてきた場合にアリが守ってくれるというメリットがあります。いわば、用心棒を雇っているのです。アブラムシとアリの共生関係によく似ていますね。

四月中旬ころ、菅平高原実験所の草原で探してみたところ、ヒメシジミの幼虫が見つかりました。体長六ミリメートルほどの幼虫が、理由は分かりませんがアリに運ばれていく様子（図２－17）や、周辺をアリが歩き回る様子（図２－18）が観察できました。その様は、まさにＳＰに警護される要人のようです。

夏の草原を舞うヒメシジミ、小さな体で賢く生き抜いています。

（佐藤美幸）

三章

なんで○○するの？

蛾《が》が灯りに集まるのは見慣れた光景ですが、人が灯りを使うようになってから得た習性ではないはずです。このような行動に関する「なんで」、「なぜ」に考えをめぐらせてみましょう。

なぜ蛾《が》は光に集まるの？

夜ともなると、灯火の周りには虫たちが乱舞します。虫好きにはこの上もなく楽しい光景ですが、そうではない方々にはどのように映っているのでしょうか？

それはさて置き、「なぜ、蛾などの昆虫は灯火に集まるのか？」と不思議に思います。昆虫たちはこのような習性を、人が灯火を発明する前からもっていたはずなのです。どうして灯火に集まる習性をもったのか、調べている人がいるかもしれませんが、私なりに以前から考えてきたことを書かせていただきます。矛盾するようなところもあるかもしれませんが、一つの考えとしてお読みいただければ幸いです。

昆虫行動学者や昆虫生理学者が、蛾の「走光《そうこう》性（光に集まる性質）」について研究しました。私たちは蛾が光に向かって真っ直ぐ飛んでくると思っています。しかし、研究によって、光線に対してある角度をとって飛ぶことにより段々と光に近づいて来るということが分かってきました（図３－１）。確かに灯火に集まる蛾を見ていると、真っ直ぐには来ないでクルクル回ってやってきます。つまり、光線があると、蛾はこのような飛び方をするようにできてしまっているのです。

では、「灯火が無かった時代はどうだったのだろうか？」という疑問についてです。人が灯火を

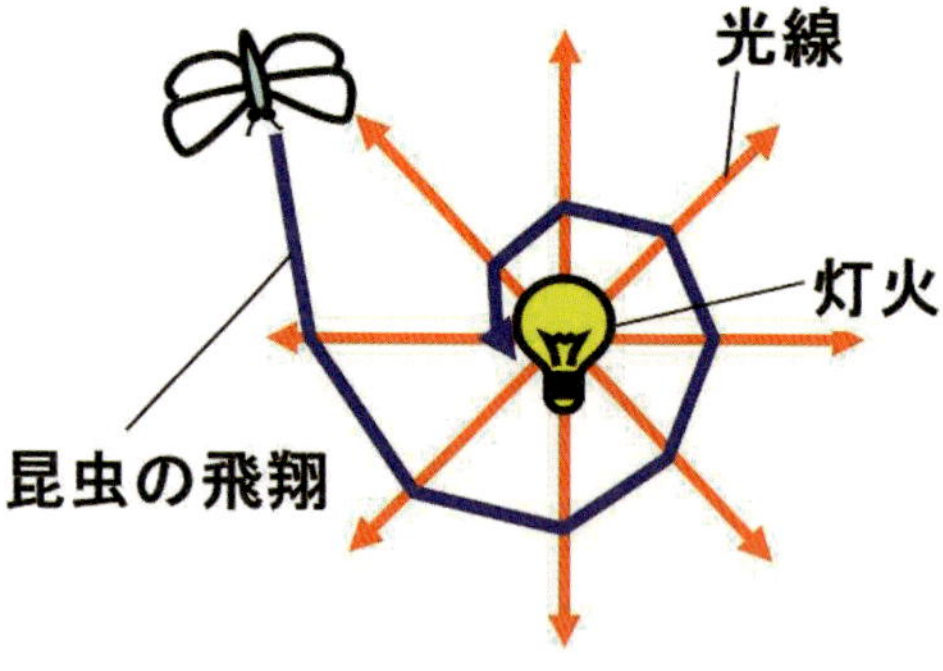

図３－１　灯火の光と昆虫の飛翔

発明する以前の明るい光源は「月」です。それなら、「昆虫たちは、灯火に集まるように、どんどん月に飛び進んでいたのか?」と考えたくなりますが、そうはならないのです。というのも、灯火は放射状の光線を出します。月も同様ですが、月と地球はたいへん離れていますから、地球上では月の光はほとんど平行光線です。「平行光線が存在していること」と蛾などのもつ「光にある角度をもって飛ぶという習性」を組み合わせるとどうなるでしょうか。蛾は月の光線にある角度をとって飛び続けるのです(図3－2)。月の光線は平行であって放射状ではないので、光源である月に向かうことなく地上をブンブンと飛び続けることになるのです。

つまり、蛾などの昆虫は月の「発する」明るい平行光線のもと、ブンブン飛び回るのです。そのようにプログラムされているのです。これはどんな意味があるのでしょうか。まず、飛び回ることにより新たな土地に到達し分布を広げることができます。また、運良く異性に出会うかもしれません。さらに、蛾などの昆虫は異性を見つけたり呼ぶためにフェロモンという物質を体から発散します。月夜の晩にフェロモンを含んだ風が吹いていたら……、ブンブン飛んでいる昆虫はこの「フェロモンの流れ」を見つける可能性が増えるのです。そうなったら彼らはこの流れを遡るでしょう! めでたく異性に巡り会え、繁殖の機会が増えるのです(図3－3)。

私はこのように考えているのですが、いかがで

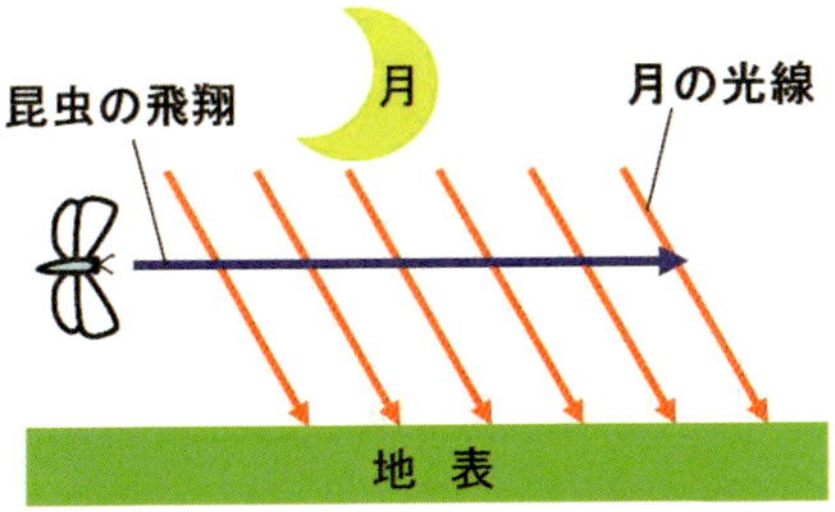

図3-2　月の光線と昆虫の飛翔

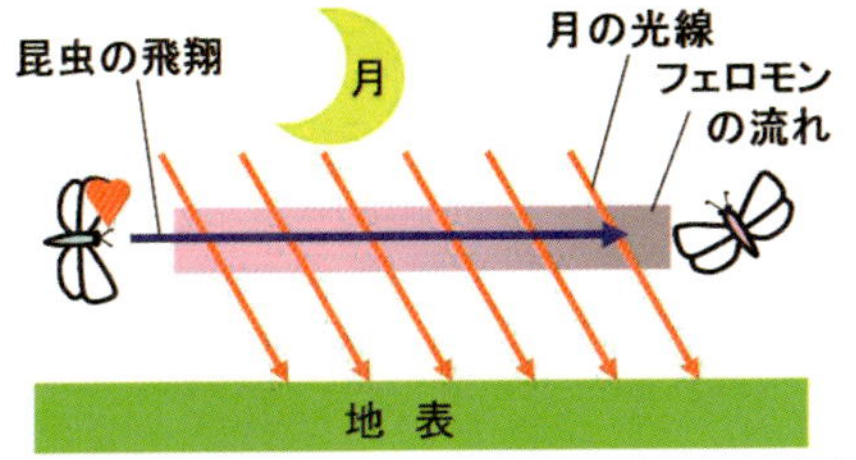

図3-3　飛翔中にフェロモンを見つける

しょうか。灯火に集まる蛾を見ていると「昆虫は光が好き」なのだと思えますが、そこにはこのような意味があるのかもしれません。（町田龍一郎）

秋の虫は、なぜ鳴くの？

秋の夜、耳をすませば虫の声が聞こえてきます。「リーン、リーン」というスズムシ、「コロコロ……」というコオロギ、「チンチロリン♪」というマツムシ、そして「ギーッチョン！」というキリギリス。野外で聞こえる鳴き声はさまざまな種類の音が重なって時に何重奏にも聞こえます。まるで秋の夜長を楽しんでいるかのように草むらで鳴く虫たち。主に直翅目《ちょくしもく》（バッタ目）の仲間ですが、彼らはなぜ、そしていかにして鳴くのでしょうか。

これら鳴く虫たちの発音の重要な役割は、仲間へ自分の存在を知らせるための信号として、特にオスがメスを誘うためのものであると考えられています。このため、多くの種でオスのみが鳴きます。オスの前翅《ぜんし》の左右それぞれにはヤスリ器と摩擦器《まさつき》といったデコボコとした発音器があり、翅《はね》を持ち上げ、両者を擦り合わせることで、振動を生じさせます（図3－4）。翅の振動はその後、発音鏡という部分を伝って、翅全体への振動を引き起こし、鳴き声となります。鳴くための器官があれば、それを聞くための耳も、もちろんあります。キリギリスやコオロギの仲間では、前脚の脛節《けいせつ》に鼓膜があり、この部分が耳としての役割を果たします。

では鳴き声という伝達手段で、どのように自己の存在をアピールしているのでしょうか。例えばコオロギは、主に三種類の歌を使い分けます。一つは、周囲にいるメスの誘引と他のオスへ自己の存在をアピールするための「呼び鳴き」です。これにより、メスは同種の声を間違えることなく聞き分け、オスの近くまで近寄っていきます。二つ目の「求愛鳴き」で、近くまで接近してきたメスを背中にまで引き寄せます。そして、オス同士が近づいたときや闘う直前には「闘争歌」で互いに

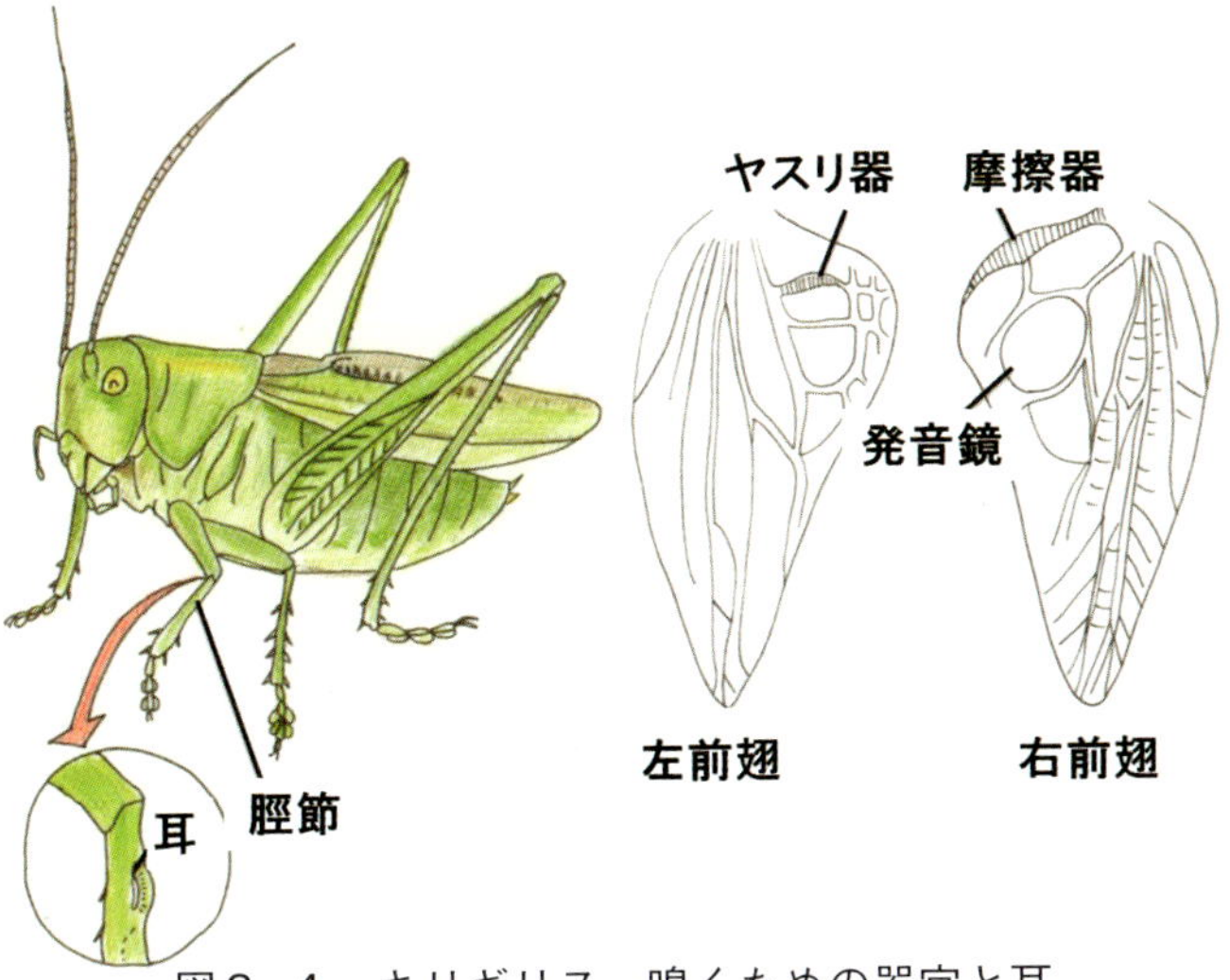

図3-4　キリギリス　鳴くための器官と耳

アピールします。「闘争歌」はその他の歌と比べ、やや興奮気味で、不規則なリズムで歌います。
このように、虫たちはただ闇雲《やみくも》に鳴いているわけではなく、目的、状況によって歌を歌い分けているのです。虫たちは今宵もしきりに、命をつなぐためのメロディーを奏でています。（藤田麻里）

母は偉大？〜昆虫はどのように産卵場所を選択しているの？〜

古代中国の戦国時代を代表する思想家の一人である孟子は幼い頃、墓場の近くに住んでいた。孟子が葬式の真似事をして遊ぶので、母は市場の近くに家を移した。しかし今度は孟子が商人の真似事を始めたので、母は学問所の近くに家を移す。すると孟子は学問に励んだ。

これは、子供の教育には環境が大事であり、母親が子供の教育のために三度住居を移したという、孟母三遷の故事成句のお話です。母は偉大ですね。

昆虫の世界では、母親（メス成虫）がどこに卵を産むかが、子ども（幼虫）の成長だけでなく生死に直結することもあります。そのため母親は、子どもがより逞《たくま》しく、より多く生き残るように、適切な場所に好んで卵を産むと予想されます（進化学的には、「子どもが、より逞しく、より多く生き残る場所に卵を産む性質をもった親たちが、より自分たちの遺伝子を多く残せてきた」と言った方が適切かもしれません）。

例えば、植物の種子や果実に卵を産む昆虫の場合、美味しかったり、栄養価が高かったりする種子や果実に好んで卵を産むことが知られています。「虫食いの果物は美味しい」という話と似ています。また、どんなに美味しい果実だったとしても、たくさんの親が卵を産んでしまうと、子ども同士が競争して食べられる餌の量が減ってしまいます。そうなっては元も子もありません。そこで、母親はすでに卵が産んである場所を避けることもあります。

しかし、モミの仲間（図3－5）とその材を食べるトドマツノキクイムシ（椴松の木食い虫）という昆虫を対象に、菅平などで調べたところ、予想外の結果が得られました。

モミの仲間（モミ、ウラジロモミ、シラビソ、オオシラビソ、トドマツなど）は、日本の森林を代表する樹木たちです。四阿山《あずまやさん》や根子岳《ねこだけ》を登っていくと、シラビソやオオシラビソを目にすることができます。トドマツノキクイムシは、モミの仲間の幹に穴を開けて産卵し、孵《ふ》化《か》した幼虫は樹皮の内側を食べて成長します（図3－6）。

菅平高原実験所の樹木園に、四種類のモミの仲間（モミ、ウラジロモミ、シラビソ、トドマツ）の丸太を置いて、どの樹種に好んで産卵し、どの樹種で幼虫が良く育つか実験してみました。すると、シラビソの丸太にたくさんの親が産卵にやってきました。また、モミの丸太にもほぼ同数の親が産卵にやってきました。しかし、モミにやってきた親のほとんどは、ヤニに巻かれて死んでしまったのです。これが予想外でした。子どもの生育に適切な場所を選ぶはずの親が、ほとんど子どもを残せないモミを好んだということです。この原因は、いまのところまだ分かっていません。菅平周辺にはモミは自生していないので、菅平のトドマツノキクイムシはモミをシラビソと間違えてしまったのかもしれません。

このように、実際には子どもの成長に好ましくない場所に産卵されるケースもあります。産卵される方の防御機構や、天敵の影響などさまざまな要因によって、このミスマッチが起こるとされています。自然の奥深さというのは、母の偉大さをも超えるということでしょうか？　興味が尽きません。

（高木悦郎）

図3-5　大明神寮の脇のシラビソ
綺麗な円錐形をしていて、クリスマスツリーにも使われます

図3-6　キクイムシに食い荒らされた樹皮の裏
ナスカの地上絵のような幾何学模様になります

花を訪れる昆虫たち
～花にはどんな虫がくるの？～

明るい日差しに照らされた野原に出かけて、そこに咲いている花にそっと近寄ってみると、小さなハナバチやハエ類、もしくはチョウなどの昆虫が花を訪れている様子を見ることができるでしょう。ある花から別の花に花粉を運ぶ訪花者は、送粉者（ポリネーター）と呼ばれ、ダーウィン以来、被子植物との共進化（生物が互いに関わりながら進化すること）という観点から自然史に関心をもつ人々を魅了してきました。

どのような種類の花に、どのような種類の昆虫が訪れているかを記録することは、送粉生態学の基礎を成す作業で、従来は目視による観察という地道な方法で行われてきました。しかし近年、比較的安価なデジタルカメラでもインターバル撮影が可能となり、膨大な撮影記録から訪花者を確認するという方法が手軽に行えるようになりました。

インターバル撮影とは、一定間隔で自動的に撮影することです。一度カメラを設置してしまえば、写真が記録されるので、たとえ夜の訪花者を調べたいときも、寝不足で困ることはありません。今回は、インターバル撮影による訪花者調査の結果の中から、菅平の草原に咲く花々を訪れる昆虫を紹介しましょう。

最初に紹介する訪花者は、トラマルハナバチです（図3－7）。大きな羽音と長い毛で覆われた丸っこい姿が印象的なマルハナバチ類は、多くの野生植物の主要な送粉者として知られています。写真のトラマルハナバチは平地から山地まで広く分布する普通種ですが、ツキヌキソウという絶滅危惧種の花を訪れており、葯《やく》（雄しべ）を抱きかかえながら、花筒《かとう》の奥へと潜り込んで花蜜を吸おうとしているようです。ツキヌキソウの花は、外側は緑黄色、内側は紫褐色と地味で、目立ちにくいのですが、一連の撮影記録から主要な送粉者がトラマルハナバチであることが分かりました。

インターバルカメラには、ハナバチなどの植物にとって有益な送粉者が記録されていた一方で、花粉の運搬が期待できないようなアリ類なども写っていました。アリ類のほかに、送粉には有効でない訪花昆虫として、特に夜間に頻繁に記録されていたのがハサミムシ類です（図３－８）。一般的に肉食性が強いとされているハサミムシですが、花の奥にある蜜腺部位まで潜り込んでいる様子が頻繁に写っていたので、花蜜を摂食しているのでしょうか？　また比較的大型の昆虫として、ヤマヤブキリなどのキリギリス科の昆虫も花を訪れていました。ヤマヤブキリは花の上で留まっているだけのことが多いものの、時折、花びらを食べてしまうこともあります（図３－９）。これらの訪花者は、植物の種子生産に貢献しないばかりか、花弁などの摂食によって、逆に植物側にコストをかけている可能性があります。花と昆虫の関係では、とかく有益な送粉者ばかりが注目されますが、花を害する昆虫たちのことを含めて考えてみると、おもしろい現象が見つかるかもしれませんね。

（平尾　章）

図３-７　ツキヌキソウを訪れるトラマルハナバチ

図３-８　オオバギボウシを訪れるハサミムシ類

図３-９　キキョウの花弁を食べるヤマヤブキリ

四章

紹介します!!「無《む》翅《し》昆虫類（無変態類）」編

昆虫なのに、まだ翅《はね》を獲得していない原始的なグループがいます。五目《もく》からなる「無翅昆虫類」と総称される昆虫たちで、変態も行いません。昆虫全体では種数で一パーセントほどの小さなグループですが、昆虫の進化を考える上では大変興味深い昆虫です。そのような「無翅昆虫類」のいくつかを紹介します。

コムシが誘う自然への入口

皆さんは〝コムシ〟という虫をご存知ですか？コムシ目《もく》には、ナガコムシ亜目《あもく》とハサミコムシ亜目という二つのグループがあり、ナガコムシ亜目（図４－１）は、触角《しょっかく》と似た細くて長い尾（尾毛《びもう》）が特徴、ハサミコムシ亜目（図４－２）は、この尾毛が変化した褐色の立派なハサミが特徴です。

コムシ目は、昆虫が翅《はね》を獲得する以前の古い体のつくりを留めており、昆虫の進化を知るために重要なグループのうちの一つです。私は、このコムシ目の発生過程を調べ、他の昆虫と比較しながら昆虫の進化の一端を知ろうと研究をしています。

図４-１　ナガコムシの一種

図４-２　オオハサミコムシの一種

研究をするには、まずコムシを集めなくてはいけません。ところが、コムシは日本に何種類いるのか？　どこにどの種類がどのくらいいるのか？　といった基本的なデータがほとんどないのです。

そこで、日本のどこに、どんなコムシがいるのか？　について調査を開始し、二〇〇六年から現在までに長野県内だけで三種の新種と思われるコムシを発見しました。

新種などというとコムシを見つけるのは難しいと思われるかもしれませんが、探すポイントは簡単です。ハサミコムシは、例えば、石の下や花壇の縁石の下、植木鉢の下や玄関マットの下など、何かを動かした下の、土の湿ったところで見つかります。ナガコムシも湿ったところを好みます。積もった枯葉の下や、柔らかい土を少し掘ったところなどを、ちょろちょろと走り回っています。どちらも乾いた所は苦手です。森の中にもコムシはいます。

普段、何気なく通り過ぎてしまう落ち葉の下や石の下にコムシたちは暮らしているのです。よい季節に、コムシ探しなどは如何でしょうか？　まだ、誰も知らないコムシに出会えるかもしれません。

（関谷　薫）

イシノミ
～原始の特徴を今につたえる昆虫～

皆さんは「イシノミ」という昆虫をご存知でしょうか。昆虫は翅《はね》をもっていますが（アリなど、一部の昆虫には翅を退化させたものもいます）、中には、まだ「翅を獲得していないほど原始的な昆虫」がいます。カマアシムシ類、トビムシ類、コムシ類（関連56ページ）、シミ類（関連60ページ）、そしてこのイシノミ類で、翅が「退化した」のでなく、原始的すぎて「もともと無い」のです。これらのグループの昆虫は「無翅《むし》昆虫類」と総称されています。

「無翅昆虫類」のなかでもイシノミ類は尾の先まで含めると二五ミリメートル程と比較的大型で、昆虫類の祖先に最も近いグループと考えられています。数億年前の古生代オルドビス紀からシルル紀にかけて、藻類や原始的な植物が陸に上がってきました。この植物の陸上進出にともなって昆虫類の祖先も陸に上がってきたと考えられています。これらの昆虫類は藻類や原始的な植物を餌としていたと考えられますが、原始的な昆虫であるイシノミ類はいまだに藻《そう》類を主食にしています。「コケむした岩」の「コケ」は、本当のコケ（蘚苔《せんたい》類）の場合もありますし、地衣《ちい》類や藻類であったりしますが、イシノミ類は岩や樹皮に生える藻類を餌としています。図４－３で、白っぽいのは地衣類、緑っぽいのがイシノミ類の食べる藻類です。

イシノミ類の主食は藻類ですから、それが生えるような日陰で湿ったところに棲《す》んでいます。渓谷沿いの「コケむした」岩や崖、スギなどの樹皮、乾燥してなければ神社やお寺の石段や石垣などでも見られます。「イシノミ」の名前は、「石（岩）

などに生息し、（ノミのように）跳躍する」することが由来です（イシノミ類はバッタやノミなどと異なり、腹部を反って勢いよく叩きつけることで跳ねます）。

昆虫類より原始的な動物、例えば多足類《たそく》（ムカデやヤスデ）は肢《あし》がたくさんあります。それが昆虫類になり、肢は胸部の三対だけとなりました。しかし、イシノミ類はたいへん原始的で、腹部にもまだ肢が残っているのです。また、昆虫類の頭部にある触角や顎も元々は肢が変形したものですが（関連11ページ）、イシノミ類の顎（例えば小顎《しょうがく》）は、まだ肢のような形をしています（図4－4）。

さらに、イシノミ類の生殖方法もたいへん原始的です。昆虫類が陸上進出するにあたり克服しなければならない問題はたくさんありました。その一つに精子の受け渡しがあります。水域に住んでいるのなら精子を水中にばら撒《ま》けばよかったのですが、陸上でそんなことはできません。精子が乾いてしまいます。多くの進化した昆虫では、交尾器で直接メスの体内に精子を送りますが、原始的な昆虫類であるイシノミ類では交尾器はまだ獲得されていません。そこで、「精包《せいほう》」（精子の詰まった袋）を受け渡すことになります。受け渡しは、精包が乾燥しないようにすばやくなされなければなりません。最初にオスがメスを肢などで愛撫し（図4－5A）、ペアは体を接しながら回転方向を

図4-3　イシノミ類の一種、ヒトツモンイシノミ。腹部にも「肢」があります

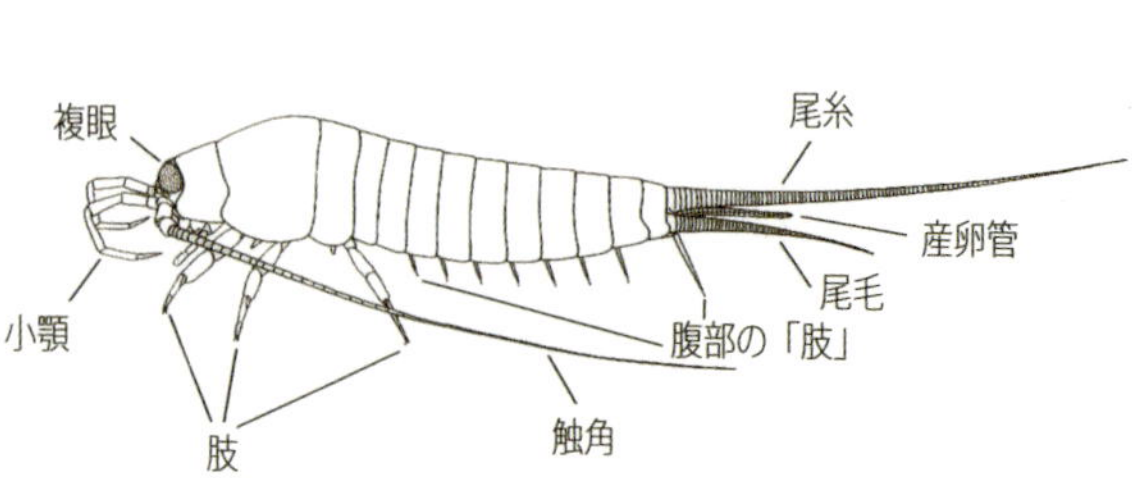

図4-4　イシノミ類の体のつくり

反転しつつ一〇分ほど回ります。その後、唐突に精包の受け渡しが起こります。ペアは回転をやめ、オスが腹端を岩などの表面に付け腹部を反らしてくると、その岩とオスの腹端の間に粘液の細い帯ができています。そしてその帯の上には直径〇・五ミリメートル程度の白色の精包が一つ載っています（図４－５Ｂ）。ペアはこの状態で九〇度ほど回ると精包の位置にメスの産卵管がくることになり、メスは産卵管で精包を吸い取って精子の受け渡しが完了します。

イシノミの体は鱗粉《りんぷん》で被われ保護色となっているので、慣れるまでは見つけるのが一苦労ですが、自然が比較的残っている湿った環境には普通に棲んでいます。太古からの数億年、形や生き方を変えずに生きてきたイシノミ類に会ってみませんか。

（町田龍一郎）

図4-5　ヒトツモンイシノミの配偶行動
A：オス（上）がメスを肢などで愛撫、B：精子の入った袋「精包」の受け渡し。奥がメス、手前がオス。矢尻（➘）が精包、矢印（↙）が産卵管

シミ
～人とともに生きてきた昆虫～

「イシノミ～原始の特徴を今につたえる昆虫～」(57ページ)で紹介した「イシノミ類」と同様に、「あまりにも原始的で、まだ翅《はね》を獲得していない昆虫である」「無翅《むし》昆虫類」にはほかに、カマアシムシ類、トビムシ類、コムシ類(関連56ページ)、そして「シミ類」がいます。このシミ類は、ほとんどの昆虫類が含まれる、翅をもつ「有翅《ゆうし》昆虫類」の直接の祖先といわれ、昆虫の進化においてたいへん重要なグループです。

シミ類にはアリやシロアリの巣、海岸の砂、林の落葉の間など、野外に住むものもいますが、屋内棲や人の生活圏によく現れる種類も多く、乾物や紙・布などの繊維質を食べる家屋害虫として認識されています。しかし、原始的な昆虫のシミ類は顎が弱く、書籍に何頁《ぺーじ》にもわたって貫通するような食害をしたり、衣服を台無しにするような悪行はしません。これらは濡れ衣で、前者はたいてい「フルホンシバンムシ」という小さな甲虫、後者は「イガ(衣蛾)の幼虫(イモムシ)」のしわざです。体長は一センチメートル前後、銀色の鱗《りん》粉《ぷん》で体が被われ、シミが素早く走っている様は、まるで「銀鱗を輝かせて泳ぐ魚」のよう。そこで、漢字では「紙魚」、「衣魚」と書き、英語でもsilverfish(シルバーフィッシュ)と呼ばれます。

屋内で普通にみられる種類は、ヤマトシミ(図4－6)とセイヨウシミ(図4－7)です。ヤマトシミは体が白銀色の鱗粉で被われ、毛が多く、腹《ふく》端《たん》の背板《はいばん》が丈の低い台形。一方、セイヨウシミの体はやや暗い銀色、毛が少なく、腹端の背板は長い台形であることで区別できます。古来から日本に生息するのはヤマトシミで、セイヨウシミに関しては、一九四三年に奈良の春日大社の森のカシの樹皮下から採集されたのが最初の正式記録です。そのセイヨウシミは現在、日本全国に知られていますから、生活の欧米化に歩調を合わせるように、セイヨウシミがヤマトシミを駆逐しつつ分

図4-6　ヤマトシミ

図4-7　セイヨウシミ

布を拡げている、そのような図式で捉えられてきました。

しかし最近、「古文書昆虫学」を提唱している深川博美さんという方が、たいへん興味深い研究をされました。「古文書昆虫学」とは、古文書の頁に挟まれてしまった、あるいは古文書の和紙に漉《す》き込まれた蟲《むし》（昆虫、それ以外のクモや多足類なども含めた節足動物全般）を丹念に調べることで、昔の人々の生活、物流、昆虫相（ある地域、環境などに生息する全ての昆虫）、環境などを総合的に理解しようという、新しい研究分野です。驚くことに、深川さんによると、少なくとも江戸時代において、場合によっては、ヤマトシミよりセイヨウシミの方が多かった可能性があるというのです。今までの認識をどのように考えるべきか難しいのですが、「シミ」という小さな「害虫」を種で区別していなかったのかもしれません。さらにいえば、人の環境に生息してきたシミたち、彼らの分布は、人々の物流で広げられたと考えられます。例えば、書籍に産下された卵が書籍と一緒に他の地域に運ばれることが普通に起こるでしょう。ヤマトシミは極東に広く分布する種類ですから、これは昔の物流で広がったものでしょう。セイヨウシミの世界の温帯に広がる広大な分布も、人の物流によるものに違いありません。そのようなセイヨウシミが、初めて日本にやってきたのは二〇世紀半ばということ自体、むしろ考えにくいのです。

ヤマトシミよりセイヨウシミの方が寒い環境に強いようで、そのせいか長野県などにはセイヨウシミの方が多く感じます。少なくとも、菅平高原実験所ではセイヨウシミが生息しています。また、セイヨウシミは人家周りなどの人の生活圏の屋外、例えば、石積み、樹皮下、人家周りの資材置き場などで見出されます。

シミ類、「害虫」とはいわれながら実際はたいした害もなさず、古来から私たちと一緒に生活してきた昆虫です。

（町田龍一郎）

五章

紹介します!!

有翅《ゆうし》昆虫類「不完全変態類」編

昆虫類のほとんど、約九九パーセントを占めるのは翅《はね》のある昆虫、有翅昆虫類です。そして、有翅昆虫類は蛹《さなぎ》というステージをもたない「不完全変態類」と、蛹をもつ、より進化した形態の完全変態類があります。まず、ここでは「不完全変態類」を見てみましょう。

ゴキブリいろいろ

皆さんはゴキブリにどのようなイメージをもっていますか？　黒光りした体にトゲトゲした肢《あし》、カサコソと台所を動き回る姿、もう想像するだけで嫌……。

家屋害虫として嫌われ者のゴキブリですが、世界にはおよそ四〇〇〇種のゴキブリが存在しています。皆さまがゴキブリと聞いて真っ先に思い出されるであろうクロゴキブリやチャバネゴキブリをはじめとした家屋内に棲みついているものは全種のおよそ一パーセント以下の二〇種類程度です。それ以外はすべて自然環境の棲息者で、自然度を代表する環境指標生物でもあります（図5－1）。ゴキブリの仲間は日本におよそ五〇種が生息しており、その約半数は南西諸島に集中しています。

彼らが生息している場所は草地、森林落葉下、朽木の中、砂漠、海岸、洞窟と実にさまざまで、環境への適応能力の高さを物語っています。家屋内に定着するようになったのも生存戦略の一つなのでしょう。生活様式についても興味深いことに、オオゴキブリの仲間は朽木の中で多数の個体が集まって暮らしているのが見られますが、その中でもクチキゴキブリは一夫一妻と子どもからなる家族生活を送り、親が子の保護行動をすることで知られています。

図5-1　クロアシクビワゴキブリ
（撮影地：マレーシア）

人知れずひっそりと暮らしながらも多様なゴキブリの世界。興味はつきることがありません。そして私は、ゴキブリの研究をしています。

（藤田麻里）

シロアリ

シロアリ（図5－2）、と聞いて嫌な印象を抱く人は少なくはないでしょう。その通り、シロアリは一般に害虫として知られ、建築物への被害は時に深刻になります。しかし木を食べるということは言い換えれば植物質を分解することができるということであり、彼らも生態系においては重要な構成要素の一員です。

シロアリは世界に二〇〇〇種以上が生息するといわれますが、日本にはそのうち約二五種のシロアリが生息しています。本州に広く分布するのはイエシロアリ、ヤマトシロアリのような建築物を加害するシロアリですが、西表島や八重山諸島にはキノコや枯れた植物を食べるシロアリが生息するなど、日本に生息するものだけでもその生態は

図5-3　シロアリの卵

図5-2　シロアリの成虫

多様です。すべてのシロアリが害虫として扱われるわけではないのです。

そしてシロアリといえば特徴的なのはその社会性ですが、ご存知でしょうか。シロアリには働きアリ、兵アリ、女王アリなどの階級が存在し、階級ごとにそれぞれの役割をもちます。働きアリは卵や幼虫の世話をする役、兵アリは外敵から巣を守る役、そして女王アリは卵（図5－3）を産み子孫を残す役、というように、その役割はそれぞれ全く異なります。こうしたシロアリたちが独自の社会を形成し、一つの集合体として自然の中に生息しています。

このようにシロアリは異なる種においてはもちろん、一つの種の中でもさまざまな姿を見せてくれます。昆虫の中でも爪弾《つまはじ》き者にされることの多いシロアリですが、少しでも関心をもっていただけたでしょうか。もしもシロアリを見つけたら、駆除もよいですがぜひ一度じっくりと観察してみてください。

（松嶋美智代）

草原のバッタたち

菅平高原の草原では背の高いススキや可憐な秋の草花が盛りを迎え、その草むらからは、昼も夜もにぎやかな声が聞こえてきます。バッタ目《もく》の仲間です。菅平高原実験所の草原のバッタたちには、重要な役割があります。昆虫の体の基本的な構造をよく留めているバッタは、一世紀以上の昔から、

図5-4　イナゴモドキのメス

世界中で昆虫学の教科書のように扱われてきました。私たちは毎夏、野外実習で実験所にやってくる学生たちと、ヒロバネヒナバッタやイナゴモドキ（図5－4）を採集・観察し、昆虫の口が数対の肢《あし》からできていること（関連11ページ）、体の各所に補強のための内骨格《ないこっかく》があることなどを、生きた「教科書」から学んでいるのです。

秋の気配を引き立てる音色。これは、オスがメスを惹きつけるための愛の歌です。バッタ目には二つのグループ、バッタ亜目《あもく》（ヒナバッタやイナゴなど）とキリギリス亜目（キリギリスやスズムシなど）があります。音を出したり聞いたりするしくみも、この二グループで大きく異なります。前者は前翅《ぜんし》（昆虫の二対の翅《はね》のうち前のもの）を後肢《こうし》（昆虫の三対の肢のうち一番後ろのもの）で擦って鳴き、鼓膜（耳）は胸と腹のあいだ辺りにあります。一方、後者は左右の前翅を擦り合わせて鳴き、驚くことに、鼓膜は前肢にあります（関連48ページ）。バッタ亜目はシャカシャカと乾いた音、キリギリス亜目はリーリーと伸びやかで麗しい音。声の主を想像すると、秋の音色が彩り豊かに感じられます。

（神通芳江）

ハサミムシのハサミ ～多様な形とそのはたらき～

ハサミムシ類は名のとおり、体の後方に立派な「ハサミ」をもつ昆虫ですが、このハサミ（図5－5A～D、図5－6B）は種によって多種多様です。

昆虫類は、体の後方に尾毛《びもう》という二本のしっぽ

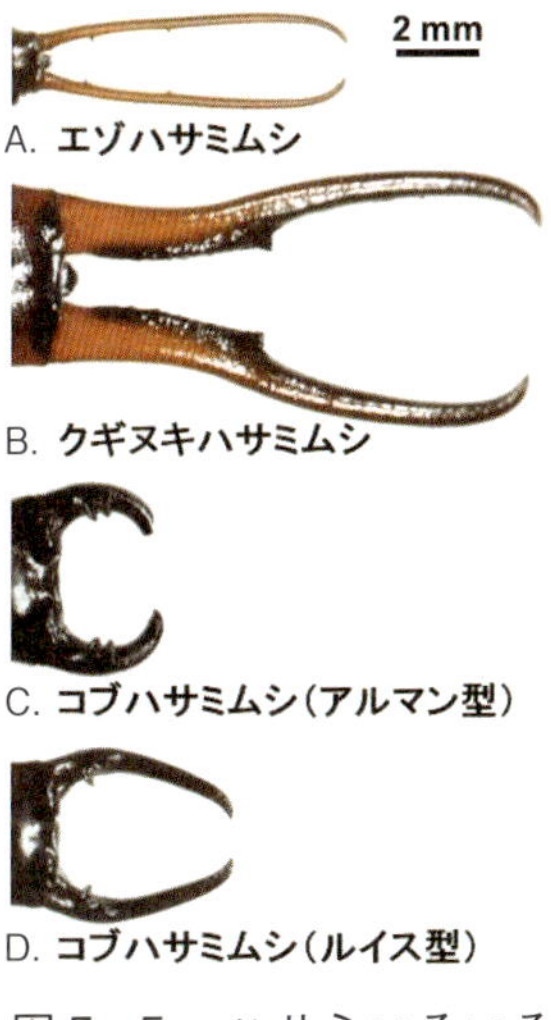

図5-5　ハサミいろいろ（すべてオス、長野県産）

をもっています。ジュラ紀のハサミムシ類の祖先には、糸状の尾毛がありました。ハサミムシ類のハサミは、進化の途上で尾毛が特殊化したものだと考えられています。また、八重山諸島に生息する原始的なハサミムシ、ドウボソハサミムシの幼虫も、糸状の尾毛をもっています（図5－6A）……でも、これじゃあ「ハサミ」ムシとは言えないよ！　ご安心を、成虫になるとちゃんとハサミになるのです（図5－6B、B'）。

図5-6　ドウボソハサミムシ
幼虫（A）と成虫（B）。B' は成虫のハサミの拡大

ハサミは、狩りや争い、交尾の際に相手をはさむのに利用されることが報告されています。切るための「はさみ」というより、物を「はさむ」道具ですね。そのほかにも、ハサミはオスがメスに求愛したり、はばたく前に翅《はね》をよいしょ！　と持ち上げたりする際にも利用されることが知られています。

オスのハサミは、メスより大きく派手な形をしていることが多いです。また、菅平などの山間部に生息するコブハサミムシのオスのハサミは、大きく二タイプに分けられます（図5－5C、D）。ハサミムシ類のオスにとって、ハサミは繁殖上重要なものであると考えられています。ときにサイズに大きな個体差があり、ハサミがより大きな個体が、オス同士の争いに勝つことが多いという報告もあります。

（清水将太）

かはげら草子

春はかはげら《カワゲラ》。やうやう雪の溶けゆく沢際、少しくらくて、灰色だちたるかはげらの細く《灰色がかった細いカワゲラが》うごめきたる。

夏はかはげら。滝《※1大明神の滝》のそば《しぶきがかかる場所》はさらなり。笹藪もなほ、かはげらの多く飛びちがひたる。また、ただ一つ二つなどといはず、ほのかに自販機には《の明かりにさそわれて》りつきたるもをかし。かがり火など焚くも《灯火採集をするのも》をかし。

秋はかはげら。夕日のささぬ山奥いと険しゅうなる沢に、かはげらの、成虫になるとて、三つ四つ、二つ三つなど羽化急ぐさへあはれなり。まいて、抜け殻などのつらねたるが《石のうらに連なってついているの》、いと数多見ゆるは、いとをかし。日入り果てて、沢の音、ドラ※2ミングの音など、はた言ふべきにあらず。

冬はかはげら。雪の《雪の上にいる》かはげらは言ふべきにもあらず、沢辺のいと白きも、またさらでもいと寒きに、餌など急ぎおこして《掘り起こして》、雪の上歩き回るも、いとつきづきし。昼になりて、ぬるく雪の溶けたれ

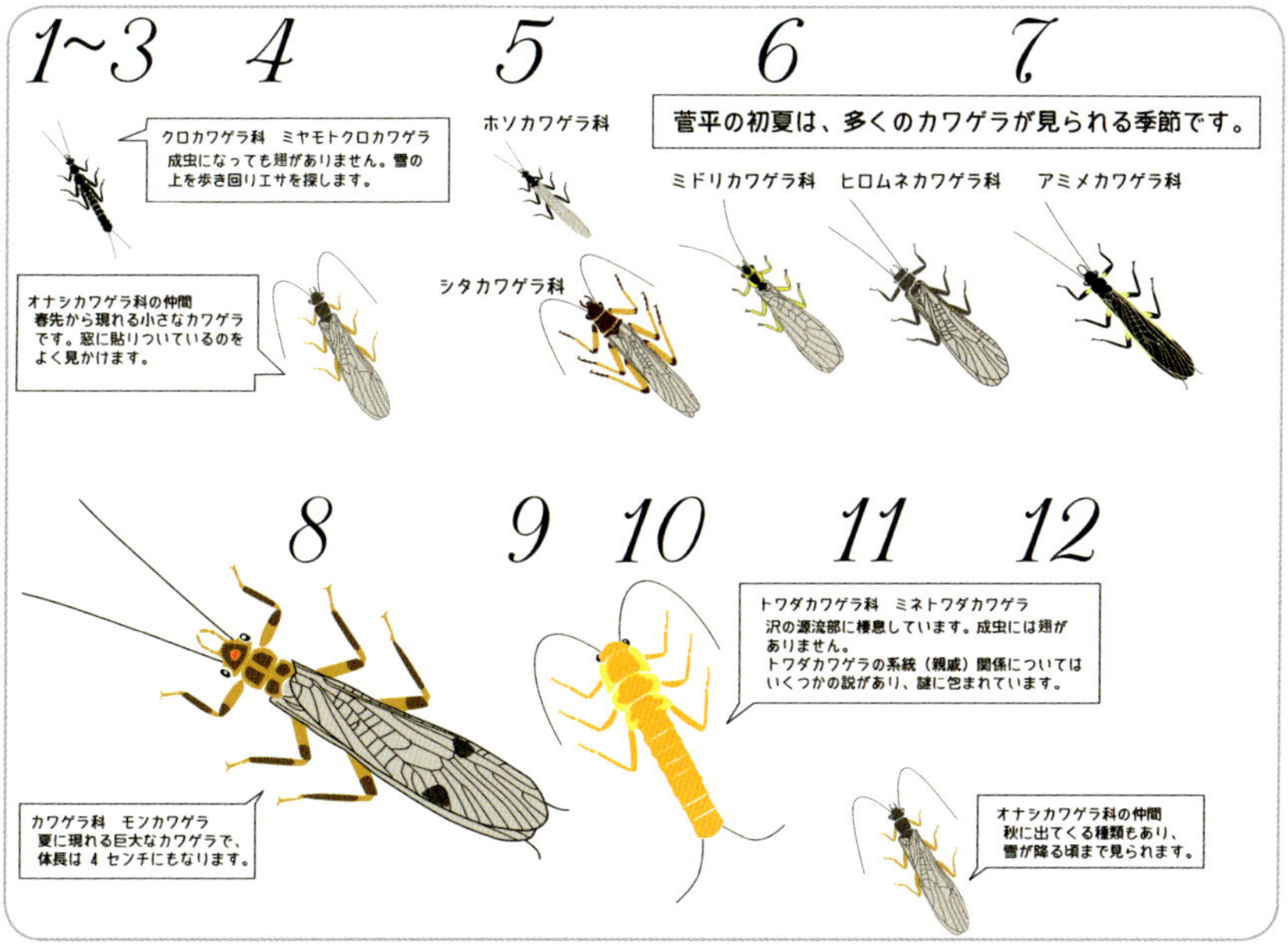

図5-7　1～12月まで見られる菅平のカワゲラたち

ば、滝の氷《凍りついた大明神の滝》も、黒きかはげら《ミヤモトクロカワゲラ》がちになりてわろし。

カワゲラは渓流域に生息し、釣り餌や河川環境の指標として利用される昆虫で、菅平では季節を問わず観察できます（図5－7）。また、菅平高原実験所のロゴマークにも採用されています（図5－8）。私はカワゲラの卵の中で起こる発生の様子を観察し、彼らの進化の道筋を理解するために発生学の研究を行っています（図5－9）。材料集めに苦労しないことは喜ばしい一方、日々休みなく研究に追われ、カワゲラに振り回されています。

そんな菅平のカワゲラたちの一年を枕草子風にまとめました。季節の移ろいと、カワゲラの様子を想像しながら楽しんでいただければと思います。

（武藤将道）

※1　大明神の滝…菅平高原実験所敷地内にある、通常非公開の滝。

※2　ドラミング…植物の葉や枝などに留まり腹部を叩きつけて音を出す行動で、繁殖に関わるコミュニケーションに用いられます。

図5-8　ロゴマークの一部
ミネトワダカワゲラをイメージしている

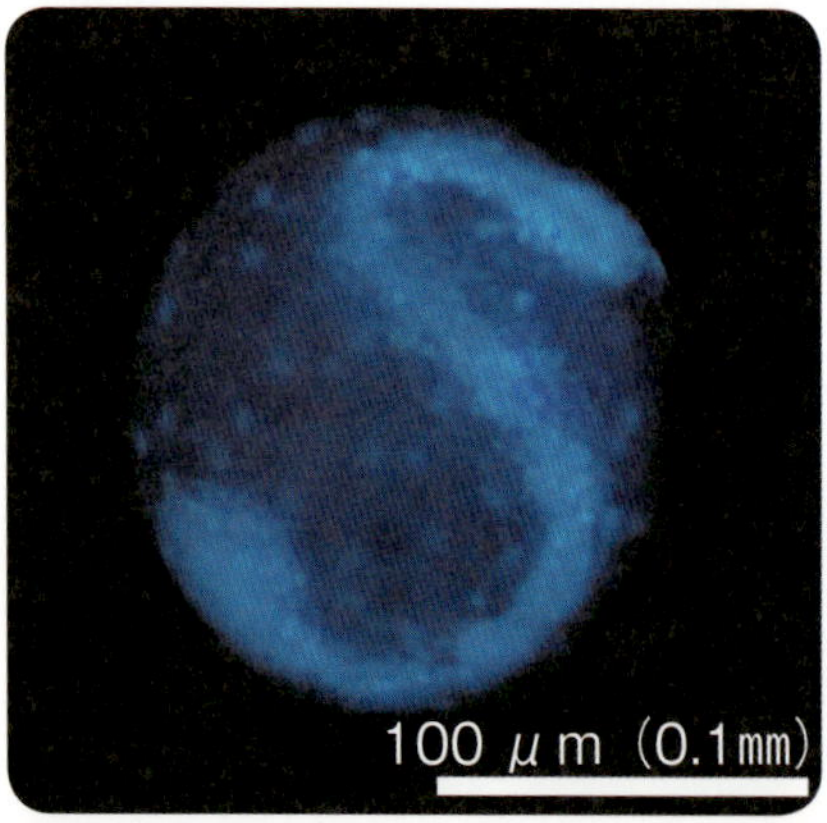

図5-9　オナシカワゲラ科ユビオナシカワゲラ属の一種の、胚が発達した卵

カワゲラウォッチ冬ノ陣

「かはげら草子」（69ページ）で高らかに謳《うた》われているように、冬もカワゲラの季節です。雪の積もる菅平などの山間部では、よく晴れた昼下がりにたくさんのカワゲラが雪の上を歩き回っていることでしょう。

彼らはクロカワゲラ科に属する、冬のカワゲラの代表選手です。厳冬期を迎えた菅平では、翅《はね》をもたない「ミヤモトクロカワゲラ」（図5－10）が沢沿いの雪原をせわしなく歩き回っています。また、厳冬期を過ぎた頃には翅のある「クロカワゲラ」も目につくようになります。ほかにも、姿かたちのよく似たクロカワゲラ科の仲間は日本各地の山地に生息しており、ユキムシやセッケイカワゲラとも呼ばれます。

いったいなぜ、彼らは雪の上を歩いているので

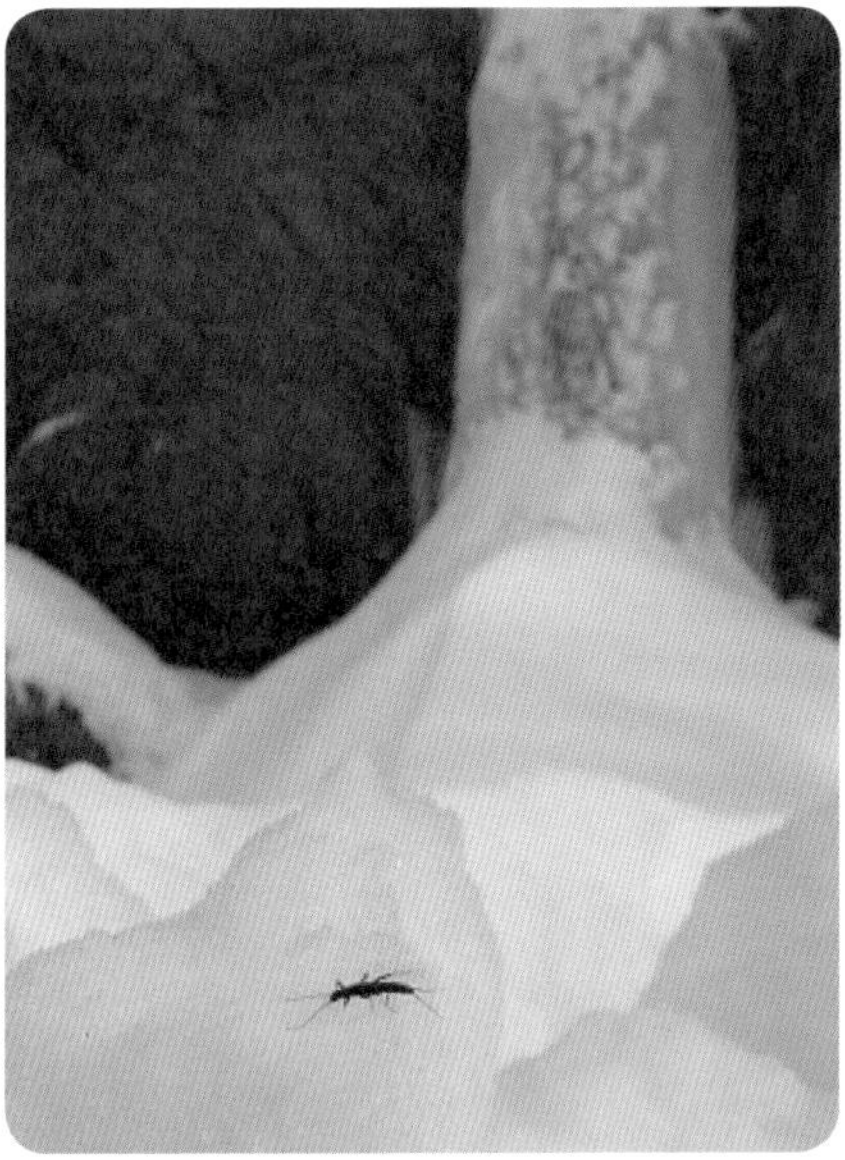

図5-10　ミヤモトクロカワゲラ
氷結した大明神の滝をバックに

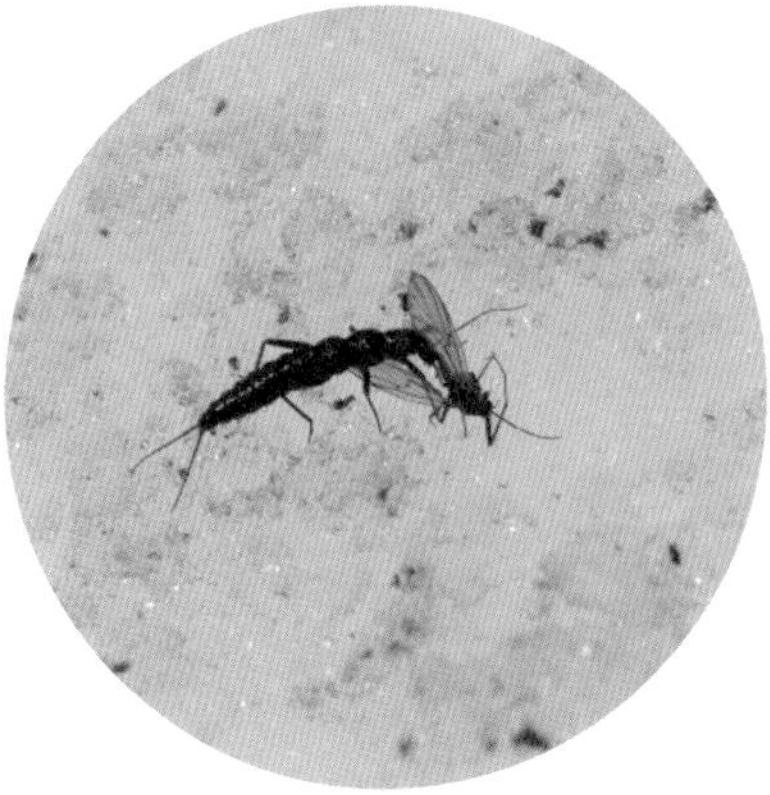

図5-11　ハエの死体を食べる個体
（メス）

しょうか。彼らの足取りに注目してみると、みんな同じ方向、沢や河川の上流に向かって歩みを進めていきます。一説によると、クロカワゲラたちはサケさながらに生まれ故郷へ「遡上《そじょう》」します。その際に、太陽光を利用して現在位置を把握し、卵や幼虫の間に流れ着いた下流から上流へ向けて歩いていくというのです。

歩き続けていると当然お腹も減ります。メスの場合は、卵を作るための栄養も確保しなければなりません。彼らは雪の上に落ちている昆虫の死体を食べるなど動物食の傾向が強く（図5−11）、飼育下では死んだ個体を食べてしまうこともあります。

雪山を滑り降りた後に、けなげに沢を登るカワゲラを愛でる。趣深い、菅平ならではの冬の楽しみ方だと思うのは私だけでしょうか……。

（武藤将道）

ハジラミ
〜翅《はね》がないのに大空を飛び回る昆虫〜

移動に必要な翅がないのに、離島から高山に至るまで日本中に広く分布している昆虫がいます。しかも、季節を問わず一年中活動しているのに、私たちの前にはめったに姿を見せません。さらに、生きた状態で捕まえるのは至難の業。そんな不思議な昆虫、「ハジラミ」についてご紹介します。

ハジラミは、主に鳥（ときに哺乳類）の体表に寄生する、体長一ミリメートル前後の小さな昆虫です（図5−12）。彼らにとって羽毛（毛）は住みかであり、また食料でもあります。そのため、大顎《おおあご》や肢《あし》の形は羽毛（毛）にしがみつくために特化しています（図5−13）。翅は二次的に退化しているため飛べませんが、鳥と一緒にどこにでも移動できます。そして、鳥が交尾や子育て、あるいは捕食などのために他の個体と接触する機会は、翅をもたないハジラミにとって、分布を拡大する絶好のチャンスです。

図5－12のハジラミはそれぞれ違う種類ですが、タカの仲間のノスリに寄生していたものです。一羽のノスリの遺体から合計三種類のハジラミを見つけました。このように、一つの宿主から複数種類のハジラミが見つかることもあります。これは、ハジラミが寄生する相手を選り好みしない、すなわち彼らの寄主特異性[※1]が低いことを示しています。

ところで、ハジラミの運命は宿主とともにあります。宿主が病気や交通事故などの原因で死んでしまうと、ハジラミは宿主から離れます。彼らにとって宿主の体温が最適な温度なので、体温の低下を察知すると、そこから逃げ出そうとするのです。しかし、住みかでもあり食料でもある宿主を離れることは死を意味します。そのため、生きたハジラミを見つけるためには、宿主である鳥（または哺乳類）を生きたまま捕らえるか、死後間もない遺体を探し出すほかありません。

ハジラミは小さい昆虫なので、顕微鏡を使って鳥の遺体から探し出します。特に、生きているものは羽にくっついているので、慎重にはがし採集します。私にとっては、これも立派な「バードウォッチング」です。

（武藤将道）

※1　寄主特異性…寄生生活をおくる生物が、特定の生物を宿主とする性質のこと。

図5-12　ノスリに寄生していたハジラミ

図5-13　アナグマの毛にしがみつくハジラミ

六章

紹介します!!
有翅《ゆうし》昆虫類「完全変態類」編

昆虫類の種数の約八割を占める完全変態類！ 個性派ぞろいの蟲たちを紹介します。

不思議な甲虫 ナガヒラタムシ

私たちの身の回りでなじみのある生き物と言えば昆虫ですね。昆虫の中でも「甲虫」と呼ばれるグループは最も種類が多く、多様性に富んでいます。子供たちに人気のクワガタやカブトムシも甲虫の仲間ですが、多様な甲虫の中でもひときわ特異な虫を紹介しましょう。

その虫とは、「ナガヒラタムシ」という名の甲虫です（図6－1、図6－2）。成虫は夏の夜に灯りに集まる習性がありますが、皆さんは見たことがあるでしょうか。体長は一センチメートル程度で探そうと思わないと見落としてしまいそうです。

ナガヒラタムシは、甲虫の中でも「始原《しげん》亜目《あもく》」と呼ばれるグループに属しています。「始原」の漢字が表すように甲虫の中で最も起源が古く、原始的なグループであると言われています。驚くべきことに、彼らの化石は約二億年前の地層からも

図6－2　危険を感じると、触角を伸ばした姿勢で動かなくなります

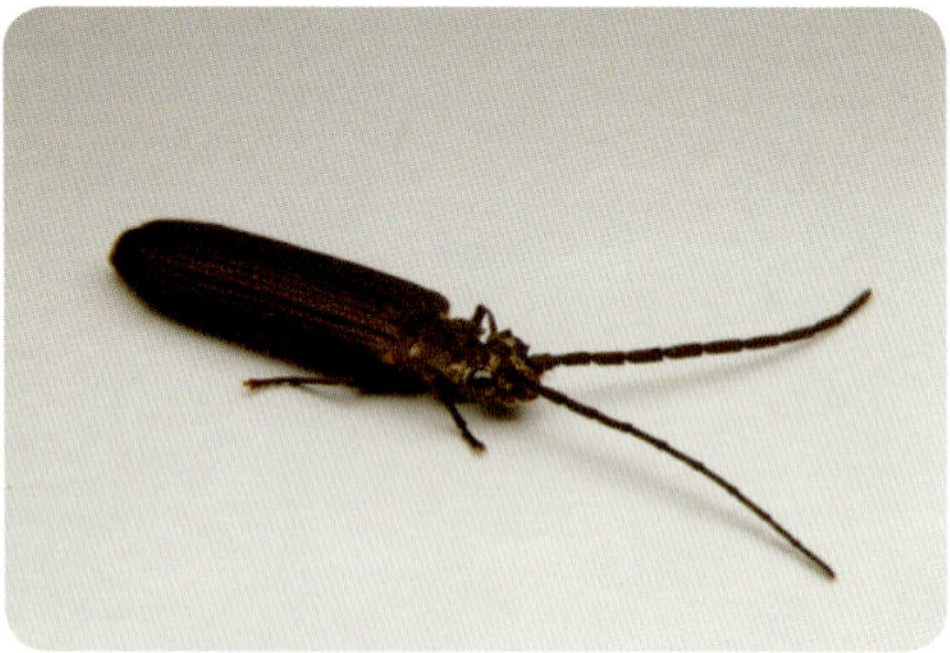

図6－1　ナガヒラタムシ

発見されているのです。二億年前とは、我々哺乳類はおろか、恐竜さえも出現していないほどの昔です。

原始的な甲虫であるナガヒラタムシが、甲虫の分類や系統、進化を考える上で非常に重要な虫であることは間違いありません。しかし、残念なことにナガヒラタムシについての研究は少なく、その生態すら未だ多くの謎が残っています。

ナガヒラタムシを見かけたとき、その姿に彼らが生きた太古の時代に思いを馳せてみてはいかがでしょうか。

（小嶋一輝）

ブナ林と共に生きるヨコヤマヒゲナガカミキリ

ヨコヤマヒゲナガカミキリ（図6－3）はカミキリムシの仲間で、本州、九州、四国に分布しています。外見は、庭や街路樹で見かけるゴマダラカミキリに似ていますが、体表の白色の紋が淡い点で異なります。数十年前まで、彼らの生態は全く分からず、滅多に発見されない昆虫で、昆虫採集マニアの間でも「珍品」と呼ばれてきました。しかし、近年、彼らがブナ林（図6－4）で生活していることが分かってきました。幼虫はブナの生木を食べ、活動時期である八月から九月にブナの幹を観察すると、成虫のメスが樹表に産卵するシーンやオスが交尾相手であるメスを探す姿を見ることができるようになりました。

一方で、生態が明らかになった現在も、彼らが「珍品」であることに変わりありません。なぜなら、彼らが生活できる原生林に近い状態のブナ林そのものが少なくなっているからです。本種は二〇もの都道府県でレッドデータに指定され、長野県でも「準絶滅危惧」に指定されています。

ブナの巨木は、このカミキリムシのほかにも多くの生き物に恩恵を与えています。ブナの樹洞内に溜まったフレークを食べるコガネムシの仲間、枯れ木をねぐらにする森林性コウモリ、子育ての場に利用する大型キツツキ……などなど例を挙げ

図6-4　ブナの林

図6-3　ヨコヤマヒゲナガカミキリ

たらきりがないほどです。ヨコヤマヒゲナガカミキリを保護することは、ブナ林を保全することであり、ブナに依存するすべての生物を守ることに繋がるのです。

（小粥隆弘）

子育てをする虫 モンシデムシ

二〇一六年六月二七日から二八日にかけて、菅平高原実験所に腐肉を使ったベイトトラップを設置しました。目的はモンシデムシ。クロシデムシとヨツボシモンシデムシ（図6－5）の二種を十数匹採集することができました。

このモンシデムシという虫はたくさんいるのですが、ほとんどの人は目にしたことがないと思います。しかしこの虫、おそらく昆虫で最も高度な子育てをするという驚くべき生態の持ち主なのです（図6－6）。モンシデムシ属は日本に九種生息していますが、いずれも小動物の死体を餌とします。ネズミなどの死体を見つけると、土の中に埋め、毛などを取り除いてボール状に丸めます。このとき死体の所有権をめぐり同種・他種個体間で競争が生じ、競争に勝ち残った雌雄一匹ずつのみが死体を獲得し、繁殖を行います。つまりモンシデムシの子育ては雌雄のペアで行われます。メスは地中に産卵し、幼虫は死体の上で両親から給餌を受けます。

モンシデムシの子育ては大きく二つに分けることができます。一つは、外敵から餌と幼虫を防衛することです。死体を地中でボール状にすると述べましたが、このときに口や肛門からの分泌物を肉に塗り込みます。この分泌液には腐敗を防止する成分が入っており、幼虫は微生物から守られるだけでなく、腐敗臭がしなくなるので肉を求める他のモンシデムシやハエ、哺乳類から見つかりにくくなります。幼虫の孵化《ふか》後も両親は一日の一割程度の時間をこの腐敗防止やパトロールに費やします。もし侵入者を発見したら雌雄協力して戦うので、一匹では勝てない強大な敵も追い払うことができるのです。

もう一つは給餌です。幼虫は親の前で体を伸ばし、大顎《だいがく》を大きく開け、肢《あし》を振る行動を見せます。これは鳥の雛の餌乞《えご》いと同じもので、この行動を

図6-5　ヨツボシモンシデムシ

図6-6　子育て中のヨツボシモンシデムシ

示す幼虫に親は死体を細かくかみ砕き口移しで与えます。実は、幼虫は親から餌をもらわなくても自力で餌を食べ成虫になることができるのですが、孵化したばかりの幼虫は給餌を受けないと成長が遅くなります。給餌は主に母親が行い、父親が行う回数はかなり少ないです。しかし人為的に母親を取り除くと、父親はその分を補って多く給餌するようになります。このペアは通常子育てが完了するまで続きます。

　このようにモンシデムシは鳥や哺乳類にも劣らない複雑な家族関係を見せる昆虫です。モンシデムシは飼育下では何度か繁殖させることができるのですが、子育てをさせたときはさせないときより次回以降の子の数が減ることが知られているので、子育ては大きなコストであり必要最小限にした方がいいはずです。しかしオスを除去してもメスの給餌量は変わらず幼虫の成長・生存も変化しないので、父親は必要以上に子育てをしていることになります。この不思議をぜひ解明したいところです。

（鈴木誠治）

〈参考〉
鈴木誠治　モンシデムシはなぜ埋葬虫か　森と水辺の甲虫誌（丸山宗利 編）東海大学出版会 二〇〇六年九月85－101頁．
鈴木誠治・西村知良（2014）モンシデムシを例とした亜社会性昆虫の給餌をめぐる家族内コンフリクト．日本応用動物昆虫学会誌，58：137－146．

他虫の空似 ガガンボモドキ

　生き物の中には、「〇〇ダマシ」「●●モドキ」という名をつけられているものが数多くいます。例えば、アゲハチョウによく似た蛾《が》であるアゲハモドキや、カマキリに似たカマキリモドキ（ウスバカゲロウの仲間、関連26ページ）。ニジュウヤホシテントウのように、益虫である肉食性テントウムシに似ていながらナス科植物を食害するため、テントウムシダマシ[※1]と呼ばれるものもいます。こうしたモドキやダマシといった名前は、先に命名されている生き物に「似て非なるもの」という意味でつけられます。今回ご紹介するのは、ガガンボに似て非なるもの「ガガンボモドキ」です。

　ガガンボとは、ハエ目《もく》ガガンボ科の仲間の総称です（図6－7C）。蚊をそのまま大きくしたような形をしており、ハエの仲間なので後翅《こうし》が退化して平均棍《へいきんこん》と呼ばれる構造に変化しています。そしてガガンボモドキ（図6－7A）というのは、名前の通りガガンボには似ているもののハエ目ですらなく、シリアゲムシ目（図6－7B）という昆虫の仲間です。ガガンボによく似た細くて長い肢《あし》をもつものの、一般的な昆虫のように翅《はね》は二対あり、シリアゲムシ目の特徴の一つである細長い馬面な顔をしています。一方、シリアゲムシ目の仲間でありながら、目の名前の由来である〝尻上げ（図6－7B・赤矢印）〟はみられません。

　ガガンボモドキの大きな特徴は、その細くて長い肢です。普段はこの長い肢を器用に使い、前肢《ぜんし》や中肢《ちゅうし》でぶら下がったり、その状態から後肢《こうし》で餌となる小昆虫などを捕まえたりします。交配行動も変わっていて、オスは後肢で捕まえた獲物をメスにプレゼントし、メスが餌を食べている間に交尾を行います。

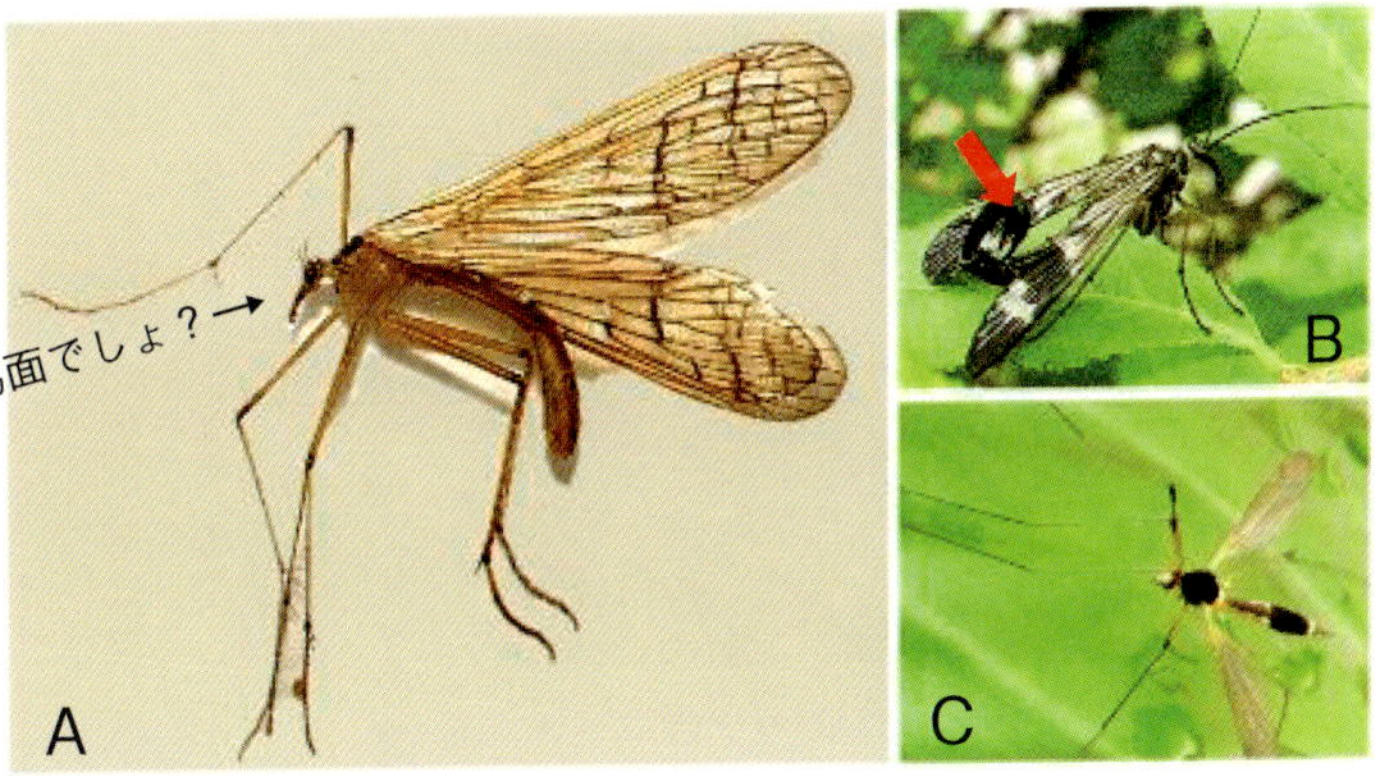

図6-7　A：ガガンボモドキ（シリアゲムシ目）、B：シリアゲムシ、C：ガガンボ（ハエ目）

生き物の名前にはその特徴が詰っているものが多いのです。どうしてこんな名前が？　という疑問を感じたら是非調べてみてください。予想もしていなかった驚きがそこにあるかもしれません。

（真下雄太）

※1　テントウムシダマシ…本記事では「ニジュウヤホシテントウ」などの作物を食害するテントウムシの仲間の俗名として紹介していますが、これとは異なり「テントウムシダマシ科」の仲間を示す場合もあります。

みんな大好き アケビコノハ

「アケビコノハ」は菅平生き物通信の歴史上過去三回も登場する超人気昆虫です（二〇一八年一月現在）。毎年、夏の実習シーズンになると、蟲研（昆虫比較発生学研究室の通称）の学生や教員が幼虫を捕まえて飼育しています。昆虫ファン憧れの存在、魅力たっぷりのアケビコノハをご紹介します。

「長年の憧れ」

図6－8の「アケビコノハ」、皆さんは、見つけられましたでしょうか？　アケビコノハは、枯葉そっくりの前翅《ぜんし》に、黄色地に黒の隈取《くまどり》の鮮やかな後翅《こうし》というコントラストの美しい印象的な蛾《が》です（図6－9）。枯葉に似ることで敵から隠れ、いざとなったら派手な後翅で相手を驚かす作戦な

図6-8　落ち葉にかくれるアケビコノハの成虫（撮影：清水将太）

のでしょう。名前の通り、アケビを食草とし、自然の豊かな山間でよく見られます。私は、菅平に来て初めて、長年憧れの「幼虫」に会うことができました。

幼虫は威嚇《いかく》時、前方では鎌首をもたげ、後方で尾端《びたん》を振り上げたS字の姿勢をとります。腹部前方には、二対の大きな目玉模様があり、姿勢と相まって、まるでオバケのような面白い姿です（図6－10）。

私たちは、そのとき見つけた幼虫を早速ウキウキと持ち帰り、菅平高原実験所で飼育しました。当時は、クスサンやカラスアゲハの幼虫も飼育しており ケージ内はとても賑やかでした。アケビコノハやカラスアゲハは、目玉模様があるためにおどけた顔や、うっとりした表情にも見え、飼育していて愛着が沸きます。もちろん、本当の頭部は、もっと前方の丸くて小さい硬化した部分です。その、小さな頭を器用に動かし、シャクシャクシャクと緑の葉や、柔らかな茎を平らげていく様はとても小気味良いものです。やがて来る若葉の春、

図6-9　アケビコノハ成虫
（標本：真下雄太）

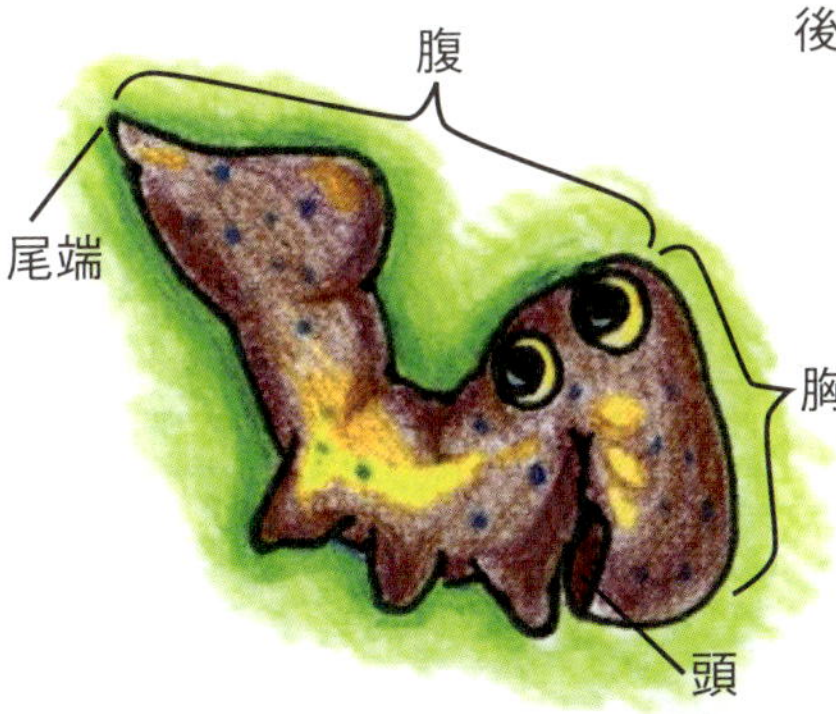

図6-10　アケビコノハ幼虫

ご家族で「イモムシ道楽」と洒落込んでみるのは如何でしょうか？

（福井眞生子）

「眼状紋《がんじょうもん》とのにらみ合い」

皆さん「アケビコノハ」という蛾をご存知でしょうか。成虫は前翅が枯葉によく似た模様となっており、普段は枯葉に擬態《ぎたい》してその身を隠しながら生きています。

「長年の憧れ」（82ページ）を読んで以来、私もアケビコノハを見たいと思っていたのですが、やっと念願叶ってその幼虫に出会う機会に恵まれました。

飼育容器内でアケビを食すアケビコノハ。もっと近くで観察したいと思い飼育容器の蓋を開けると、身の危険を感じたのか、突然食事を止め、「これでもか！」と言わんばかりにS字に屈曲、そして腹節にある眼状紋でにらみつけてきました（図6-11A）。この独特な姿勢と眼状紋、何に似せようとしているかはわかっていませんが、敵をひるませるための一種の手段なのでしょう。私は、

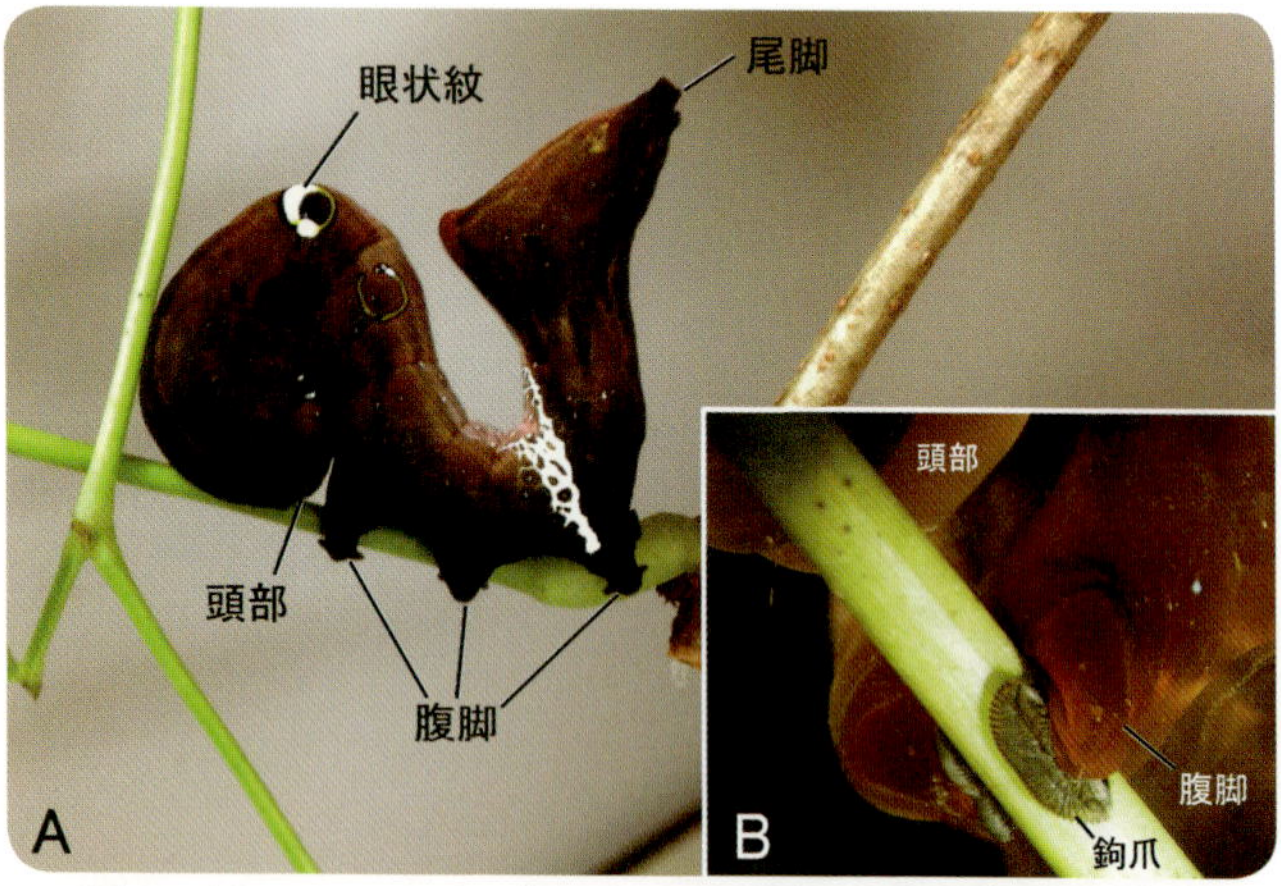

図6-11　A：アケビコノハの幼虫、B：腹脚の拡大

「そ、そんなことでひるんでたまるものか……」と、しばらく眼状紋とのにらみ合い。そんなことをしている間に、危険は無いと悟ったアケビコノハは平和な時間を取り戻し、食事を再開します。束の間の戯れの後、この屈曲しているアケビコノハを腹側からよく観てみると、鉤爪《かぎづめ》のついた発達した腹脚《ふっきゃく》で茎にしがみついていました（図6－11B）。実によくできていますよね？

数日後「アケビコノハがいない⁉」と、飼育容器内のアケビの葉をガサガサと探していたら、数枚の葉の陰から、一生懸命に葉を綴《つづ》って巣ごもりをしようとしているアケビコノハと対面。ぎくりとした仕草の後、またもS字屈曲で威嚇されてしまいました。その数時間後、上手に葉を綴り上げ、繭を作り上げました（図6－12）。頑張れアケビコノハさん。立派な成虫になる日を待ち遠しく思います。

（藤田麻里）

図6-12　アケビコノハが綴った繭

イボタガ

ゴールデンウィークの最終日、摂氏一〇度に冷えこんだ菅平高原の灯火に、イボタガ（イボタガ科）を見つけました（図6－13）。褐色地に「目玉模様」や極めて複雑な波状紋、その渋く粋なデザインは文句なしに美しい。オオシモフリスズメ、エゾヨツメとともに「春の三名蛾《が》」と称されるそうです。三月から四月に北海道、本州、四国、九州、屋久島に現れる、翅《はね》を広げると八センチメートルから一一センチメートルもある大型な蛾。菅平高原は寒いので五月でも見られたのでしょう。

幼虫はイボタノキ、ネズミモチ、キンモクセイ、トネリコ、ライラックなどのモクセイ科の植物（まれにヤナギ）の葉を食べます。

「目玉模様」で敵を威嚇する生物はたくさんいますが、このイボタガもその一つとして国際的に有名。「目玉模様」には生きいきとした「眼」のようにグラデーションがあり、英語ではowl moth（フクロウガ）と呼ぶそうで、目玉模様の間にある長い毛はフクロウの口ばしを演出しています。

むかし、我が家の板塀にやってきているこの蛾がとても怖かった、子供のころを思い出しました。それから実に五〇年ぶりの再会でした。多くの生き物同様、数を減らしているようで、地域により「準絶滅危惧」などとされています。（町田龍一郎）

図6-13　イボタガ（撮影：町田皓惟）

エゾヨツメ

エゾヨツメは、ユーラシアに分布するヤママユガ科の蛾《が》で、日本では北にいくほど多くみられます。成虫は、オスが翅《はね》を広げると七センチメートル、メスは一〇センチメートルくらいで、四月から五月に現れます。幼虫はカバノキ科（シラカバ、ハンノキなど）、ブナ科（ブナ、クリ、ミズナラなど）などを食べます。何といっても印象的なのは、後翅《こうし》にある鮮烈なブルーの目玉模様。図6－14

は翅を閉じているオス、図6－15は翅を広げたメスです。菅平高原では、五月ころに比較的普通にみられます。毎年、この美しい「ブルー」に会えるのが楽しみです。

イボタガ（85ページ）はフクロウの擬態でしたが、エゾヨツメはタヌキの擬態と書かれていました。このブルーに輝く目玉模様が明かりを反射したタヌキの目に似ているのだそうです。

（町田龍一郎）

図6-14　エゾヨツメ
翅を閉じているオス

ムラサキシャチホコ

生物には、ビックリするほどいろいろな形や模様をしているものがいます。そして「なんと美しくうまくできているのだろう！」と思うこともしばしば。そのような素晴らしい形や模様は、進化

図6-15　エゾヨツメ　翅を広げたメス

の結果、獲得されてきたものです。周囲にうまく紛れ込むカモフラージュや保護色。種内にいろいろな変異があって、その中で最も見つかりにくく生存に有利なものが選択されて残っていく（自然選択）、そして、さらに選抜されてカモフラージュや保護色は世代を超えて磨かれていく、これが進化論での説明です。

そのようなカモフラージュの最高傑作の一つが「ムラサキシャチホコ」です。日本全土に生息するシャチホコガ科の蛾《が》で、幼虫はオニグルミの葉を食べます。シャチホコガ科の幼虫は、そっくり返った姿勢を取ることから「シャチホコ」（城の屋根に一対のっているシャチホコのイメージ）との名前がついています。

驚くのは成虫の蛾です（図6－16）。「枯れ葉」にしか見えません。葉脈（鱗粉《りんぷん》模様と翅脈《しみゃく》で表現！）が浮き出た「枯れ葉の色合い」（葉の裏表をしっかり区別しています！）、そして驚くべきは枯れ葉の「乾いて巻き上がった」様子が秀逸。翅《はね》がそのように反っているとしか思えないくらいですが、真上（図6－17）から見ても後ろ（図6－18）から見てもそんなことはなく、色合いだけで枯れ葉の反り、巻き上がりを表現しているのです。唖然とするばかりです。これ、「本当に進化論で説明できるのか？」と思ってしまいます。

（町田龍一郎）

図6-16　ムラサキシャチホコの成虫
横から見た様子

図6-17　真上から見た様子

図6-18　後ろから見た様子

シロシャチホコ

図6-19はシロシャチホコという蛾《が》の幼虫です。シャチホコガ科の仲間の中には、幼虫の中肢《ちゅうし》と後《こう》肢《し》が図6-19のように著しく長くなるものがいます。この長い肢《あし》は、普段は折りたたまれていますが、外敵が近づくと幼虫はこの肢を振り掲げて精一杯の威嚇をしてきます。シャチホコガという名前の由来は、幼虫の腹部がシャチホコのように大きく反り上がっていることからきています。（真下雄太）

図6-19　シロシャチホコ（幼虫）

ニセツマアカシャチホコ

枯れ葉の擬態《ぎたい》をしている「ムラサキシャチホコ」（87ページ）。その擬態は驚嘆モノですが、それと同じくシャチホコガ科の蛾《が》です（図6－20）。

ニセツマアカシャチホコは、ムラサキシャチホコに比べてしまうと、それほど出来のいい擬態ではないかもしれませんが、まるまった枯れ葉をまねしているみたいです。そして、翅《はね》の間から上に持ち上げている尾端《びたん》と一生懸命しがみついている太めの前肢《ぜんし》が何ともかわいらしく、写真を撮ってみました。

体長は一・五センチメートルから二センチメートル、北海道、本州、四国に生息。成虫の出現期は五月から八月、幼虫の食樹はヤマナラシなどのヤナギ科です。

（町田龍一郎）

図6-20　ニセツマアカシャチホコ
（撮影地：菅平　2017年6月8日）

刺すハチ、刺せないハチ

ハチという昆虫は、私たち人間にとって身近な存在です。花畑を飛び回るハナバチの仲間は、花粉を運ぶ訪花昆虫として農業などで重要な役割を果たしています。一方で、スズメバチなどの狩りバチは、時に人家などに巣を作り危険な害虫とみなされてしまうこともあります。こうした身近なハチといえば「刺す」イメージが強いかと思いますが、実際にはすべてのハチが刺すわけではありません。ハチの仲間でありながら、刺さないものも数多く存在します。

ハチの仲間は、細腰《さいよう》亜《あ》目《もく》（図6－21）と広腰《こうよう》亜《あ》目《もく》（図6－22）の二つに大きく分けられます。両者の見分け方は、腰の辺り（胸部と腹部の境目）がくびれているかどうかです。スズメバチやミツバチなどの身近な刺すハチは、すべて細腰亜目の仲間です。さらに、刺すことができるのはメスだけです。これはハチの毒針が、産卵管が針状に変

図6-21　細腰亜目
上：アメバチの仲間
下：セイボウの仲間

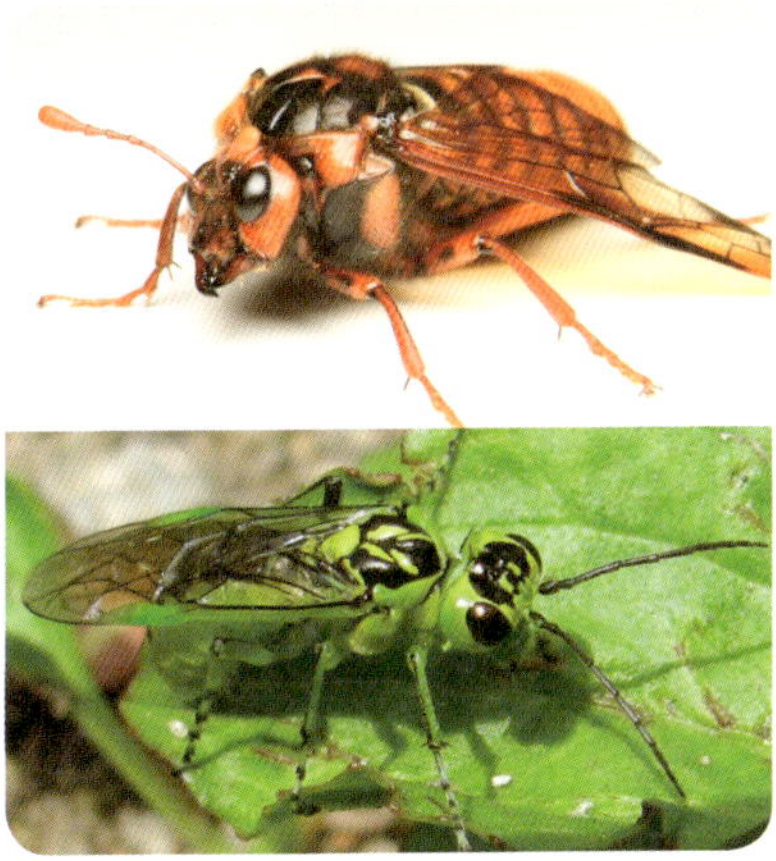

図6-22　広腰亜目
上：ナシアシブトハバチ
下：セマダラハバチの仲間

化したものであり、そもそも産卵管を持たないオスが刺すことはありません。また、身近なところでいえばアリも細腰亜目の仲間ですが、多くの場合産卵管が退化しているため刺しません（ただし、ハリアリなどの刺す種類もいます）。

こうした細腰亜目とは対照的に、ハバチやキバチといった広腰亜目の仲間では、産卵管は鋭い針状ではなく、植物組織を切り裂くのに適したノコギリ状になっています。ナシアシブトハバチ（図6－22上）は、まるでスズメバチのような恐ろしげな見た目をしていますが、ハバチの仲間です。噛《か》まれることはあっても刺されることはありません。

（真下雄太）

空飛ぶ毛玉
マルハナバチってどんなハチ？

茂みの中からぶう〜んという低い羽音とともに現れ、一心不乱に花にもぐりこんでは飛び立つ、大きなまんまるのハチ。皆さんも一度は見たことがあるのではないでしょうか？　このハチこそ、マルハナバチです（図6－23、図6－24）。

マルハナバチは、ミツバチ科マルハナバチ属に属します。ニホンミツバチなどのミツバチ属の仲間を英語ではhoney beeと呼ぶのに対し、マルハナバチはbumble beeと呼ばれます。マルハナバチもミツバチと同じように、花の蜜や花粉を食べて生活しています。似たように体が大きくて胸が黄色いクマバチというハチもいますが、こちらはミツバチ科クマバチ属で、マルハナバチとは異なる仲間です。

マルハナバチは、女王と働きバチの役割分担を持つコロニーをつくる社会性の昆虫です。春に冬眠から目覚めた女王は、主にネズミの古巣などの地中の穴を利用して巣を作り、働きバチを育てます。生まれた働きバチはせっせと野外に飛び立ち、花粉や蜜を集めてコロニーを大きくします。このときに役に立つのが、この毛むくじゃらの体。マルハナバチは、この全身の毛にいっぱい花粉を

図6-23　ホンシュウハイイロマルハナバチ

図6-24　オオバギボウシを訪れるトラマルハナバチ

くっつけると、それを丁寧に脚でかき集めて後脚の花粉かごに集め、花粉団子を作ります。花を訪れているマルハナバチを観察してみると、重たそうな花粉団子を両脚にくっつけて飛び回る姿を見ることができるでしょう。

　近づくと刺されるのでは……と不安に思う方もいらっしゃるかもしれませんが、決して怖がることはありません。マルハナバチはたいてい花粉や蜜を集めるのに夢中で、人が近づいてもほとんど気にしません。無理矢理つかんだりしなければ、まず刺されません。

　長野県の山地では、日本のマルハナバチの多くの種を見ることができます。来年はぜひ、花を訪れるマルハナバチを探してみてくださいね。

（鈴木　萌）

オオフタオビドロバチ

「オオフタオビドロバチ（ドロバチ科）」は、単独で生活するハチの仲間です。母バチは、筒のような細い隙間を利用し、一匹で巣を作ります。巣の中を泥で仕切りながら幼虫の餌となるハマキガやメイガ類のイモムシを運び込み、卵を産みつけます。最後に筒の入り口を泥で塞ぐと、巣作りは終了です。巣の中で卵から孵《かえ》った幼虫は、母バチが狩ったイモムシを食べながら成長し、幼虫で越冬して春に成虫となり、巣から出てきます。

菅平高原実験所の二階ベランダに筒を設置してみました。透明なプラスチック板を丸めて、紙を巻いて片側を塞いだだけの簡単なものです。数日後、オオフタオビドロバチが来ているのを発見！その後、イモムシを狩ってくる様子（図6－25）や、筒の中に産みつけられた卵（図6－26）が見られました。卵は細い糸で、天上から吊り下げられています。

筒を利用するハチは、ドロバチやハナバチなどの仲間に数十種類います。軒下に竹筒や葦簀《よしず》などを設置しておくと、巣作りや産卵の様子を観察できるかもしれません。

図6-25　イモムシを狩ってきた
オオフタオビドロバチ

後日、私が設置した筒の中を見てみると長さ七ミリメートルほどの寄生バエの蛹《さなぎ》が数個入っていました（図6－27）。そして、春になって羽化してきた虫は、体長二ミリメートルに満たない小さなハチ（図6－28）でした。オオフタオビドロバチにハエが寄生し、そのハエにハチが寄生したようです。残念ながらオオフタオビドロバチは羽化しませんでしたが、生き物の複雑な関係を垣間見ることができました。

（佐藤美幸）

図6-26　筒内に産み付けられた卵

図6-27　筒内の様子と寄生バエの蛹

図6-28　羽化してきた寄生バチ

七章

研究室と学生の活動から

菅平高原では昆虫に関わるいろいろな研究が行われてきました。それらを、「研究室や学生の研究活動」という視点から紹介します。

菅平高原で新種発見！
地中で暮らす タマキノコムシ科の一種

小さい頃から昆虫が大好きで、図鑑の頁《ぺーじ》をめくりながら、「いつか新種の昆虫を発見したいなぁ」と夢見ていました。そんな長年の夢が、遂に叶いました。

私は、斜面土砂移動地（ガレ場）の昆虫相に着目し、握りこぶし大の石ころが堆積したガレ場を五〇センチメートルほど掘り、穴の中へ昆虫を捕える罠（トラップ）を仕掛けることを行ってきました（図7－1）。二〇一三年冬、後輩の長澤君と、予備調査として菅平高原で数個のトラップを設置し、翌年春にトラップを回収したところ、小さなゴマ粒ほどの茶色い昆虫が獲《と》れました。顕微鏡で観察すると、タマキノコムシ科の一種（図7－2）であることが分かりました。しかも地中という暗闇で生活しているせいか、複眼が完全に退化

図7-1　トラップを設置する様子

図7-2　タマキノコムシ科の新種

しています。専門家に問い合わせたところ、複眼が退化した本科は日本では対馬しか記録がなく、新種の可能性が高いとのことでした。この報告を聞いた私と長澤君は大喜び！　先日、専門家の方と長澤君と私の三人で作成した新種記載論文が出版され、正式に新種と認定されました。

地球上には多種多様な生き物が生息しています。既知の生物種数は約一七五万種類、その半数以上を昆虫類が占め、高山帯から海、熱帯雨林から砂漠までほとんどの環境に生息しています。今回はこれまで着目されてこなかったガレ場という環境で調査を行ったことが、新種の発見に繋がりました。今後もガレ場での研究を継続し、新種生物の発見や、それらの種の進化の道筋を解明していきたいと考えています。

（小粥隆弘）

画像提供：日本昆虫分類学会

菅平高原でまたまた新種発見！ホソヒラタオオズナガゴミムシ

この度、オサムシ科の一種「ホソヒラタオオズナガゴミムシ」が菅平高原から新種として記載されました。本種は岩石が堆積した場所（崩壊地）の地下から発見されました。複眼の著しい退化、薄い体色（図7－3）など、地下の暗闇に適応進化した特徴を有しています。

近年、崩壊地の地下は、未知の節足動物が数多く存在する、研究者にとって興味深い環境である

図7-3　新種ホソヒラタオオズナガゴミムシ

ことが分かってきました。そこで当時学部生の長澤亮君と私とで、中部山岳地域を中心に、世界的にも前例のない大規模な（四地域合計二九崩壊地）地中生昆虫相調査を行いました。方法は崩壊地に深度五〇センチメートルの穴を掘り、昆虫誘引罠を設置、一か月から三か月後に回収するという体力と時間のかかるものです。

調査中、採集が上手くいくのかという不安で、ドキドキしていただけに、菅平高原実験所内や峰の原高原で本種が多数採集されたときの喜びはひとしおで、捕獲を確認できた瞬間の長澤君の嬉しそうな顔が目に焼き付いています（図7－4）。その後、分類学者である伊藤昇さんによって、本種はいずれの既知種とも形態的に異なることが確認され、新種として共著論文[※1]で発表しました。新種の生物と言えば熱帯雨林や深海を思い浮かべられる方が多いですが、もっと身近なもので、貴方の足元にも潜んでいるかもしれませんよ……。

（小粥隆弘）

図7-4　本種をトラップで確認し、歓喜する長澤君

画像提供：日本昆虫分類学会

※1　N, Ito & T, Ogai (2015) A New Species of Macrocephalic Carabid from Nagano Prefecture, Japan (Coleoptera: Carabidae: Pterostichini). Japanese Journal of Systematic Entomology, 21 (2):271-275.

自然をみる

空から舞い落ちる雪の結晶、夜空で瞬く星々、木々に留まる鳥達の群れ、はたまた近くをみると木には冬芽……、自然の姿やその形は目でみたままに美しいと感じます。それだけでは物足りなくなって、何か興味を持ったものを「もっと拡大してみたい！」と思ったときには、ルーペ、双眼鏡、望遠鏡を手にとれば、目の前にみえる世界は一変します。

科学的探求活動は、何事も、対象をじっくり「みる」ことから始まります。特に、生物学において生物をよく観察することは、生命現象、生物の多様性、そして生物の進化を系統立てて理解する上でとても大事なプロセスです。たとえ目にみえないDNAやタンパク質などの分子レベルであっても、生物学者は、種々の解析方法を駆使して、みえるようにするための努力を惜しみません。私自身も現在、昆虫の卵や、卵の中で発生する

図7-5　光学顕微鏡像

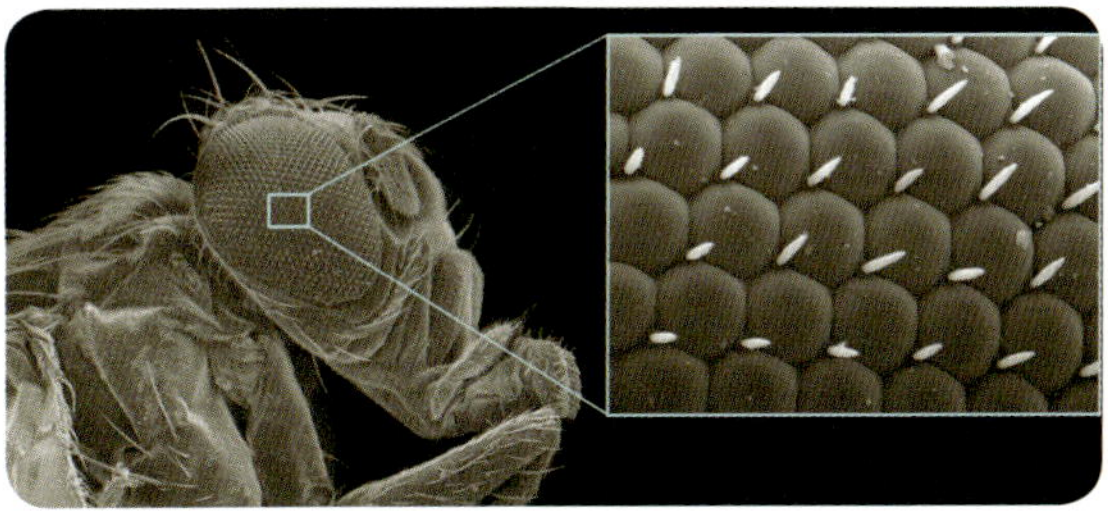

図7-6　走査型電子顕微鏡像

胚《はい》の観察を通して、発生現象や体の成り立ちを調べ、比較をすることで、彼らの進化を考えています。小さな構造を観察するには、もちろん顕微鏡は欠かせないツールであり、幸いにも菅平高原実験所は、より高解像度の電子顕微鏡も利用できます。電子顕微鏡は、光よりもさらに波長の短い電子線を利用することで、光学顕微鏡では捉えきれないような、ナノメートル（一〇億分の一メートル）単位の構造をも検出することができます。例えば、写真はショウジョウバエの複眼です。光学顕微鏡（図7-5）では何となくぼんやりとみえている構造も、走査型《そうさがた》電子顕微鏡（図7-6）で観察すると、個眼の一つ一つ、さらには個眼の間から生える毛の様子までも検出することができます。このように高解像度の観察が可能なのです。

一六七〇年代、アントニ・ファン・レーウェンフックは、当時初めて倍率を二七〇倍にまで拡大できる顕微鏡を発明しました。彼は、雨水の滴の中に広がる微生物の世界を観察し、すっかり魅了されてしまったそうです。レンズや顕微鏡の先には、まだまだ私たちの知らない世界や発見が待っているに違いありません。

（藤田麻里）

ホロタイプ標本を見にロンドン自然史博物館へ！

日本に二〇亜種が分布するキタクロナガオサムシ。二〇一二年三月にロンドン自然史博物館を訪問し、博物館が所蔵するキタクロナガオサムシ亜種コクロナガオサムシのホロタイプ標本を見ることができました。

コクロナガオサムシという亜種は、一八八一年に佐渡で一個体が採集されたのみで、追加採集記録はありません。つまり世界で唯一の標本なのです。これは見ずにはいられません。

拙《つたな》い英語で「標本が見たいです！」と現地のキュレーター（標本を管理する仕事の人）へメールを送ると「喜んでお見せします」との返信が！

訪問当日、一般客は立ち入り禁止の標本庫へ案

図7-7　ずらりと並ぶ標本棚

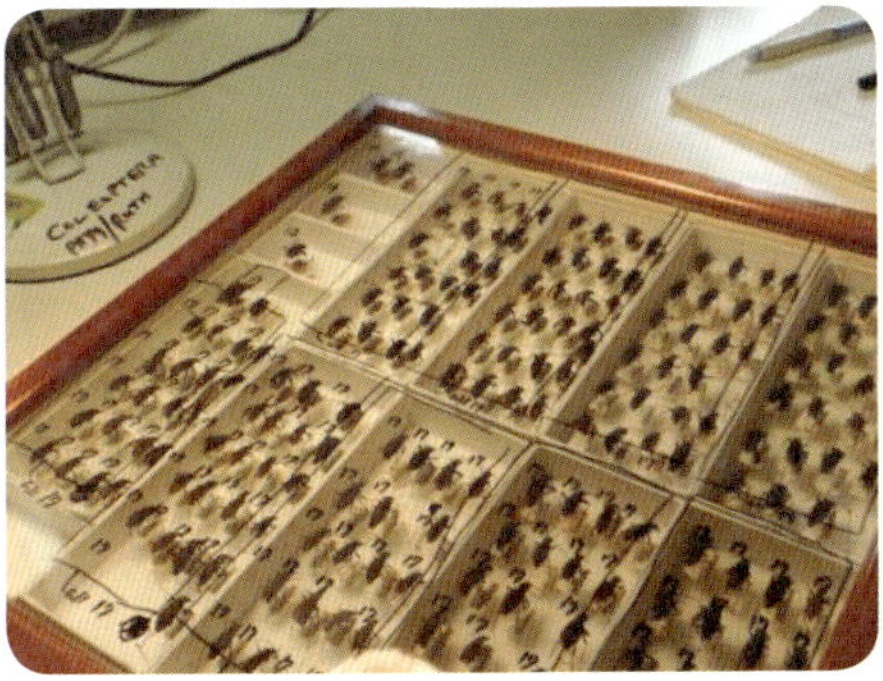

図7-8　標本棚の中には貴重な標本が保管されている

内していただきました。そして、いよいよホロタイプ標本とご対面。私は、伝説の標本を前にして、興奮のあまり足がガクガクと震えました。沢山の写真を撮らせてもらい、標本整理も手伝わせていただきました。

　ロンドン自然史博物館は、あの有名な大英博物館の一部であり、昆虫の標本数も約三〇〇〇万点と世界屈指の規模です。その標本庫にはずらりと標本箱を保管する棚が並んでいました（図7－7、図7－8）。棚の列がどこまで続くのか、終わりが見えません。この膨大な数の標本を数十人のキュレーターの方々で管理しているのです。

　憧れの標本と対面できて感動するとともに、生物種を整理、管理する分類学者やキュレーターの仕事が、生物多様性を語る上でとても重要であることを切に実感した旅でした。

（小粥隆弘）

行ってきました！ 自然科学アカデミー

二〇一二年九月から一二月にかけて、アメリカ・フィラデルフィアにある自然科学アカデミー（the Academy of Natural Sciences of Drexel University 図7－9）へ行ってきました。目的は、「コムシが誘う自然への入口」（56ページ）にも登場したコムシ目について学ぶことだったのですが、ここでは自然科学アカデミーの様子を少し紹介したいと思います。

私が訪れた自然科学アカデミーは、二〇一二年に創立二〇〇周年（図7－10）を迎えた、アメリカで最古の自然史博物館です。建物の規模は小さく、こじんまりした印象ですが、一日中いて充分楽しめる博物館でした。館内に入ると自然史博物館定番の恐竜の骨格に始まり、動物の剥製、貝類や鳥類の標本、生態系や水質に関する展示、エジプトのミイラなど人類史に関わる展示もありまし

図7-10　祝200周年の Birthday cake

図7-9　自然科学アカデミーの外観と内部の展示の様子。まるで映画のワンシーンのよう

た（図7－11）。日本の博物館では定番と言える昆虫標本の展示はほとんどなく、多くの昆虫が生きた状態で展示されていました。生きた生物に触れられるコーナーなども充実しており蝶の飼育も行われていました。そこには、たくさんの蝶の蛹《さなぎ》が並べられ、運が良ければ美しい蝶の羽化を見ることができます。蝶たちは温室に放されているので、間近で生きている状態を観察できるのも魅力です。

さらに印象的だったのは、動物の剥製が、その生物の生息環境を再現したジオラマの中で、まるで生きているように展示されていたことです。北極の氷の上で今まさに狩りをしようとしているシロクマと、海面に顔を出したアザラシ（図7－12）など、その生物の生き様が伝わるダイナミックな展示は子供たちにも大人気でした。

自然科学アカデミーには昆虫・植物・鳥類・魚類・貝類・古生物・生態・地質・人文など、さま

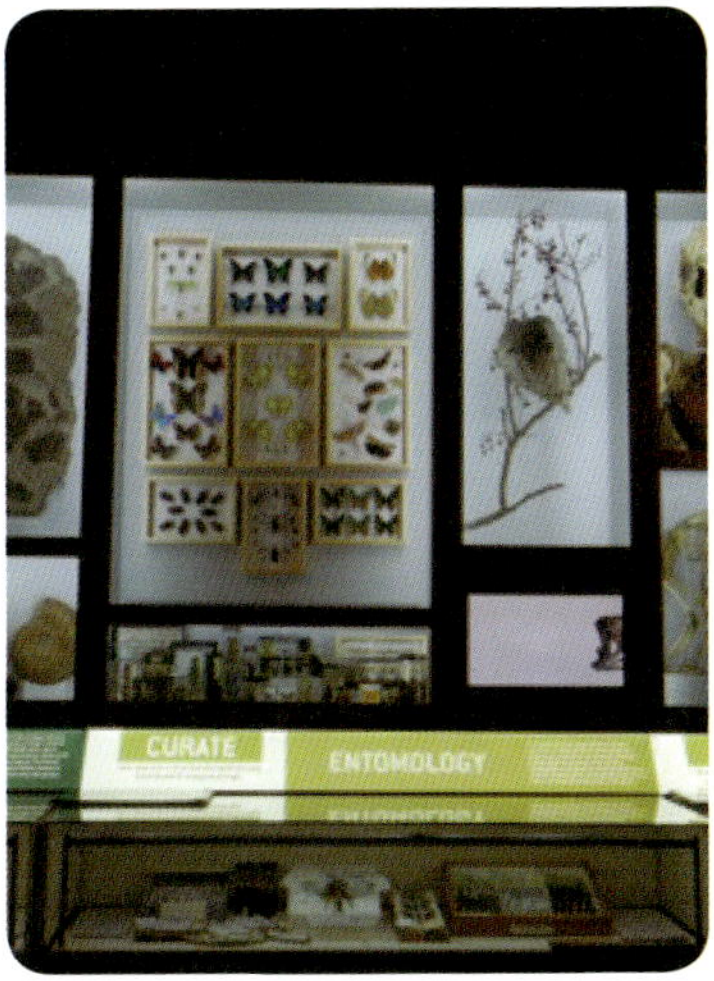

図7-11　並べられた標本は芸術的でもある

図7-12　今にも動き出しそうなシロクマの足元にはアザラシ！

ざまな研究部門がおかれ、それぞれに数人から十数人の研究者が所属して研究を行っています。最新科学コーナーとして、自然科学アカデミーで研究されている最新の研究を紹介する展示や、週末ごとに研究者に直接質問のできる場が設けられ、こちらもいつも大賑わいでした。子供たちに混ざり、お父さんお母さんも研究者に鋭い質問を投げかけ、議論が盛り上がります。大人が真剣に楽しんでいる様子もとても印象的でした。

　展示室の広さこそ、こじんまりとした印象の自然科学アカデミーですが、収蔵する標本の数はとても多く、コレクションによっては、かの有名なスミソニアン博物館に次ぐ規模のものもあるほどです。私は運良く、年に一度のバックヤード見学会に参加でき、あちこちの研究部門の裏側も見ることができました。そこで見たのは、研究スペースに並べられた膨大な数の標本たち。ヘビの標本だけみても、小学校の教室二つ分くらいのスペースがその保管に充てられていました（図7－13）。標本の収集と維持管理はお金も人手もたくさんかかるたいへんな仕事です。しかし、標本をきちんと残していかなくては、基礎的な生物学の研究は成り立ちません。標本の収集と管理は博物館の大切な役割の一つですが、日本ではあまり認識されていないのではないかと思います。この日は二〇〇人近い市民がバックヤードの見学に訪れていましたが、老若男女を問わず、膨大な標本に囲まれながら研究者と語らい、それを楽しんでいる人の多さが印象に残りました。

　ところで、自然科学アカデミーの中では、日本

図7-13　A：ずらり並んだ標本棚、B：ヘビの標本

に縁のある標本を見つけることができます。それは、貝類の標本です。展示室に並ぶ貝のうちのいくつかは日本で採集されたもので、よく見ると「銚子・底引網」など漢字で書かれたラベルを見つけることができます。もちろん研究スペースにも多くの日本産貝類が収蔵されています。自然科学アカデミーの貝類部門は古くから日本と関わりが深く、二〇一二年に出版された二〇〇周年記念書籍には昭和天皇とのエピソードが登場するほどで、思わぬところで出会った「日本」に嬉しくなってしまいました。

　皆さんもフィラデルフィアを訪れる機会があれば、自然科学アカデミーを訪れて、是非、日本の標本を探してみてください。

　余談になりますが、自然科学アカデミーを始め、幾つかの博物館で結婚式に遭遇しました。博物館の恐竜の前で愛を誓う、お気に入りの展示に囲まれて誕生日を祝うなど、博物館をイベント会場として利用することが日常の生活に浸透しているのです。博物館には貴重な収入源ということもあるそうですが、人生の節目を祝うことで、より博物館が身近に感じられるというのも素敵なことだなと思います。

（関谷　薫）

嗚《あ》呼《あ》夢のマレーシア

二〇一一年四月七日から一五日にかけて、菅平高原実験所の昆虫比較発生学研究室のメンバー総勢六名で、三回目となるマレーシア昆虫観察旅行に行ってきました。

　今回の大きな目的の一つは、図7－14にあるような数珠状の触角《しょっかく》をもった、体長二ミリメートルほどの小さい虫、ジュズヒゲムシです。ジュズヒゲムシ目《もく》は、日本での発見報告例がなく、これまで研究がほとんどされてこなかったグループであり、昆虫類内における系統についても未知の部分が多いとされています。

　まだ雪の残る菅平を発ち、マレーシアに到着してすぐに歓迎しているといわんばかりの熱気が体中にまとわりついてきます。しかし、そこでへこたれないのが私たち。ひとたび昆虫が生活していそうな朽木や枯木を発見すると、目の色を変え一心不乱に観察開始です。

ジュズヒゲムシは集団を作って朽木内で生活しており、そのような樹皮をめくると白色の幼虫、黒色の成虫が姿を現します。朽木には、その他にも原始的なハサミムシ、社会性のシロアリや亜社会性のゴキブリが家族生活を営んでいる様子も観察することが出来ました。もちろん、朽木だけではありません。上を見上げれば、そびえたつ巨木。その樹幹の樹皮下には美麗なカマキリであるケンランカマキリ（図7－15）がじっと息をひそめていることがあります。そして我々は、数人で一本の巨木を取り巻きケンランカマキリが走るのを追うようにして観察するのです。

ゴキブリの研究を行っている私も、図鑑では見たことがないようなゴキブリと沢山出会い、彼らの多様性の高さを改めてヒシヒシと感じました。生き物との出会いの数だけ広がっていくマレーシ

図7-15　ケンランカマキリ

図7-14　マレーシアの風景とジュズヒゲムシ
（撮影：真下雄太）

アの世界。まだまだ知らない世界の広がりをそこここで感じながらも別れを惜しんで日本へ帰るのでした。

（藤田麻里）

昆虫類の進化を考えつづけて半世紀
～昆虫比較発生学研究室～

昆虫類は、現在一〇〇万種以上も知られ、動物の七五パーセントを占める地球上で最も繁栄している動物群です。昆虫類の膨大な多様性は進化を通して得られたものであり、その進化は非常に興味深いテーマとして多くの研究がなされてきました。それにもかかわらず、昆虫類の全[※1]三十数目[※2]の類縁関係さえ未だに定説がなく、議論が絶えません。

進化の議論をする上で、各動物（昆虫）群の形態の形成過程を検討し形態の本質を比較することは大変重要です。このようなアプローチを比較発生学といいます。私たちは、自身の卒業研究から現在に至る半世紀、昆虫の辿って来たであろう進化に想いをはせ、ここ菅平の地で昆虫比較発生学を行ってきました。

欧米でも活発に昆虫比較発生学が行われていました。しかし現在、昆虫比較発生学を展開できるのは日本の菅平高原実験所のみで、ここは昆虫比較発生学の世界で唯一、随一の研究拠点として機能しています。たいへん重要な研究分野でありながら、どうしてこのような状況になったのでしょうか。

その理由は簡単です。例えば、現在研究を行っている最も原始的な昆虫類、カマアシムシ目を例にとりましょう。カマアシムシ類は一ミリメートルほどの土壌昆虫で、生態さえよく分かっていませんでした。この発生を調べるにはまず飼育法、採卵法を確立しなければなりません。そうしてようやく卵が採れたとしても、それは直径〇・一ミリメートルほどのものです。それを解剖し、あるいは切片[※3]を作成する訳ですが、その方法も開発しなければなりません。さらに、得られたデータを解釈し他の昆虫類と比較するには総合的な情報の集積が必要です。このような昆虫比較発生学において、いったん伝統が途絶えると、このようなすべてのノウハウ、情報はついえてしまい、以降の発展は不可能となってしまうのです。菅平高原実験所では前身の菅平高原実験センターの元センター長、安藤裕博士が昆虫比較発生学を精力的に展開し、私がそれを後継し、私の元からも一五名ほどの若い学者が旅立ち、現在も三名の大学院生たちが研究を行っています。

菅平高原実験所ではこれまで二八目の昆虫類の発生過程を研究してきました。そして現在はカマアシムシ目、トビムシ目、コムシ目、イシノミ目、ガロアムシ目、カカトアルキ目、シロアリモドキ目、バッタ目、ゴキブリ目、シロアリ目、カマキリ目、ナナフシ目、ジュズヒゲムシ目、ハサミムシ目の研究を行っており、また、昆虫の起源を理解するために多足《たそく》類（ムカデ類）も研究しています。さらに、形態の形成過程を分子レベルから行おうとの試みも始めています。現在行っている研究のテーマは「昆虫類の高次系統」、「類縁がほとんど分かっていない一一目からなる多新翅類《たしんしるい》の系統関係（図7－16）」の検討です。これからも、昆虫比較発生学発展のために、性根をすえて頑張ってまいります！

（町田龍一郎）

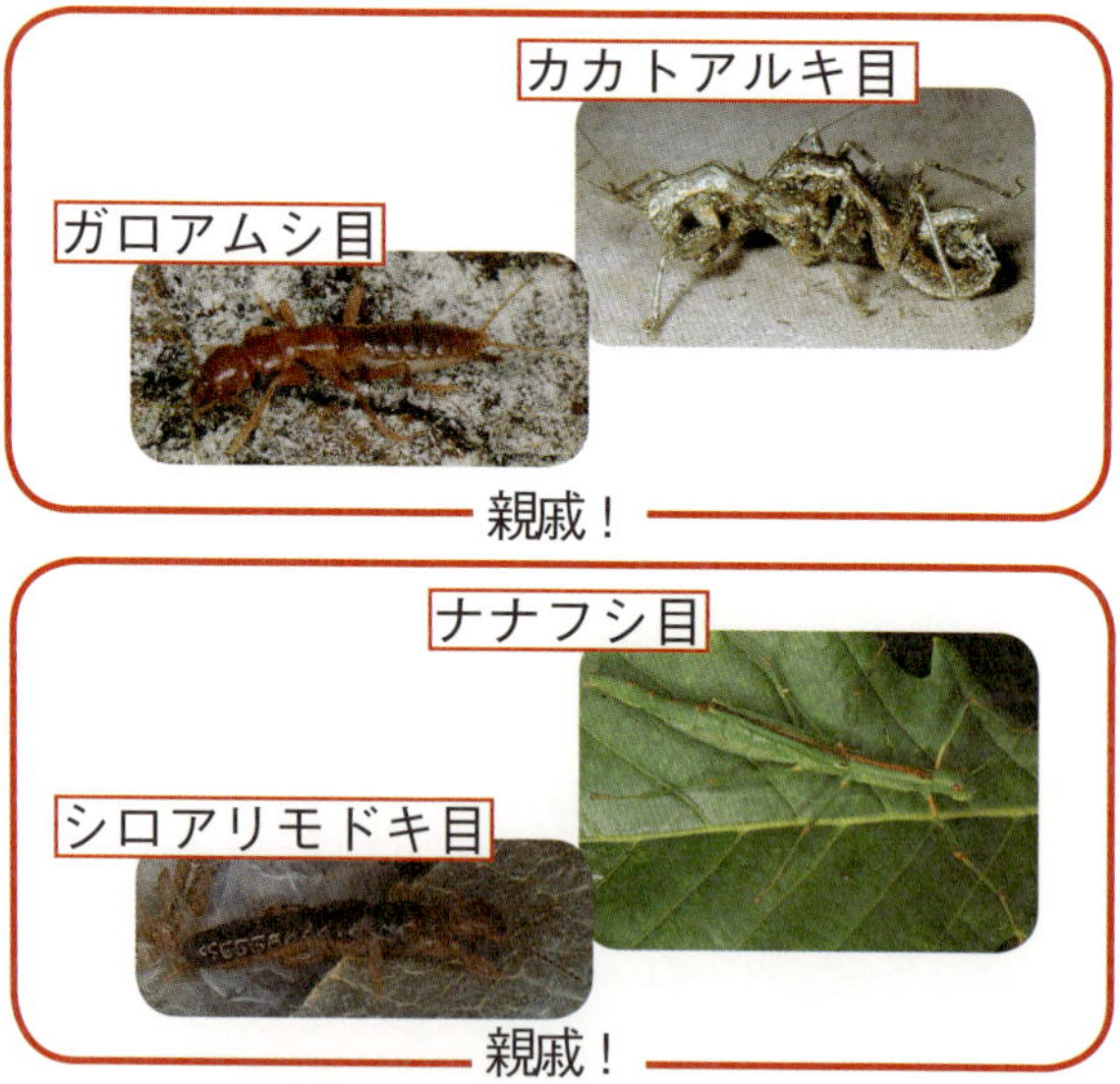

図7-16　昆虫比較発生学から導かれた多新翅類内の類縁

※1　全三十数目…全何目に分類するのかは複数の見解があります。

※2　目…生物の種は界、門、綱、目、科、属に分類されます。カブトムシは、動物界 節足動物門 昆虫綱 鞘《しょう》翅《し》目 カブトムシ属の一員。

※3　切片を作成…卵を樹脂などで固めて厚さ一万分の一から一〇〇分の一ミリメートル程度の厚さに薄切し組織学的研究を行います。

やっと昆虫の進化が見えてきた

生物学者は、「系統進化」に非常に執着します。著名な遺伝学者であり進化学者であった、ロシアのT・ドブジャンスキーは「進化を考慮しない生物学は意味をなさない」との有名な言葉を残しました。どうしてそんなに進化が重要なのでしょうか？

例えば、ある生物現象や生物の形態を研究し、理解しようとします。でも、その一つの現象、形態を一群の生物を対象に研究したとしても、それがどれだけ普遍的な意味をもつか、どれほど正しい理解なのかは保証の限りではないのです。そこで、近縁な種群の類似現象や形態と「比較」し、一般化する必要がでてきます。ところが、その比較対象が、それほど近縁ではなかった場合はどうなるでしょう？　誤った理解につながりかねません。また、進化の道筋がしっかり分かっていたら、その現象なり形態なりの進化にともなう変遷がよく分かり、より本質的な理解が導かれることにもなるのです。

昆虫類は、動物群の種数の約七五パーセントを占めるほどに繁栄してきた生物で（2ページ図2参照）、多くの昆虫学者がその系統進化を明らかにしようと奮闘してきました。しかし信じられないことに、昆虫の系統進化に関する理解は、コンセンサス（合意）から程遠い状況にありました。このため、昆虫に関わるいろいろな議論は、最終的に「進化がよく分からない」、「高次系統が不確か」という壁に突き当たっていたのです。

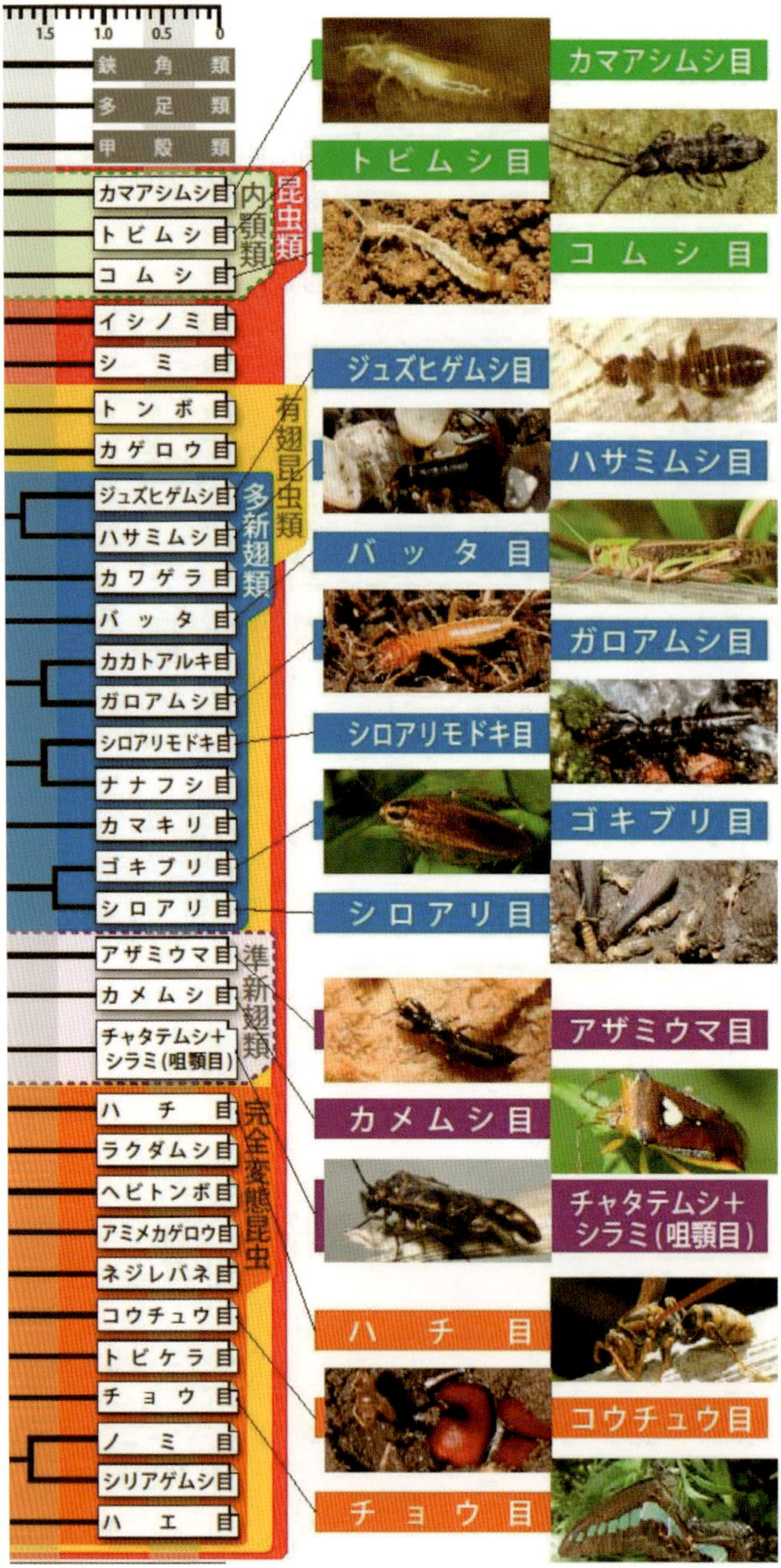
1.5 1.0 0.5 0
鋏角類
多足類
甲殻類
昆虫類
内顎類
カマアシムシ目
トビムシ目
コムシ目
イシノミ目
シミ目
有翅昆虫類
トンボ目
カゲロウ目
多新翅類
ジュズヒゲムシ目
ハサミムシ目
カワゲラ目
バッタ目
カカトアルキ目
ガロアムシ目
シロアリモドキ目
ナナフシ目
カマキリ目
ゴキブリ目
シロアリ目
準新翅類
アザミウマ目
カメムシ目
チャタテムシ＋シラミ(咀顎目)
完全変態昆虫
ハチ目
ラクダムシ目
ヘビトンボ目
アミメカゲロウ目
ネジレバネ目
コウチュウ目
トビケラ目
チョウ目
ノミ目
シリアゲムシ目
ハエ目
カマアシムシ目
トビムシ目
コムシ目
ジュズヒゲムシ目
ハサミムシ目
バッタ目
ガロアムシ目
シロアリモドキ目
ゴキブリ目
シロアリ目
アザミウマ目
カメムシ目
チャタテムシ＋シラミ(咀顎目)
ハチ目
コウチュウ目
チョウ目

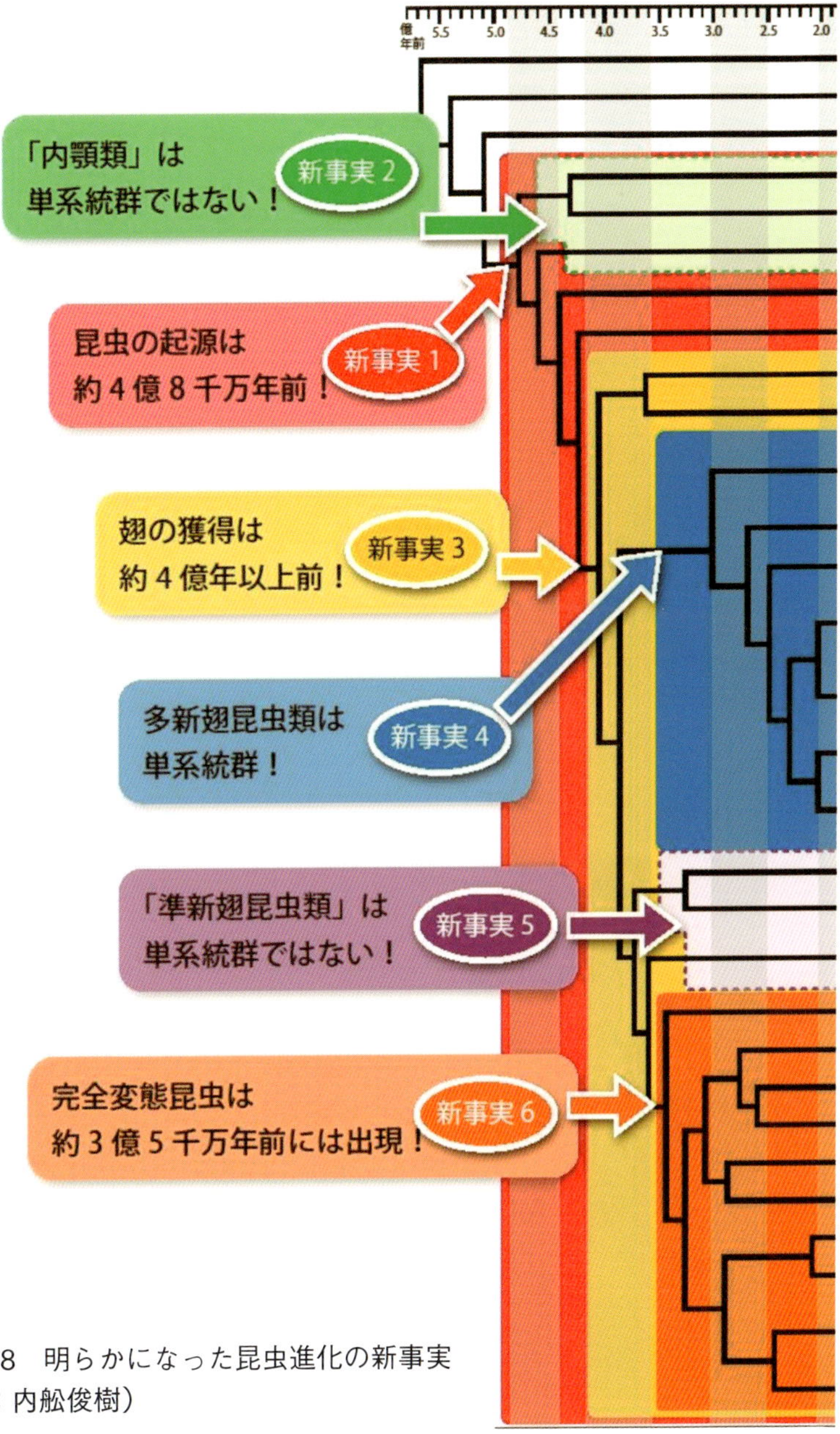

図 7-18　明らかになった昆虫進化の新事実
（作図：内舩俊樹）

このような状況の中、満を持して、世界一三か国・八コア研究拠点・四三研究機関・約一〇〇名の研究者による国際プロジェクト『一〇〇〇種昆虫トランスクリプトーム進化プロジェクト「1000(1K)Insect Transcriptome Evolution(1KITE)」』が始動しました。一〇〇〇種の昆虫すべてで発現している膨大な遺伝子を比較し、説得力のある昆虫の系統進化を描き出そうという途方もないスケールのプロジェクトです。日本からは一〇名の研究者が参画していて、そのうち九名は菅平高原実験所の筆者とその昆虫比較発生学研究室所属あるいは出身の大学院生・研究者で、菅平高原実験所は日本唯一の国際コア研究拠点です。

その最初の成果が二〇一四年、米科学誌サイエンス一一月七日号に発表されました（図7－17）。私たちは初めて信頼に足る昆虫の系統進化、すなわち昆虫の高次系統の解明に成功したのです。さらに、三七の鍵となる化石証拠を参照することで、昆虫進化で重要なイベントが起きた年代を正しく推測できるようになりました。そして、通説をはるかに遡った約四億八〇〇〇万年前に昆虫が出現していたこと、翅《はね》の獲得は四億年前であったことなど、新事実を明らかにしました（図7－18）。

今回の成果で、昆虫研究が飛躍的に発展していくことが期待されます。そして、この1KITE国際プロジェクトは現在も解析を進めていて、昆虫の系統進化の詳細を明らかにしようと頑張っています。今度は何が見えてくるのかと、ワクワクしています。

（町田龍一郎）

図7-17　科学誌サイエンス。私たちの研究が表紙を飾りました

おまけ

「蟲がたり」を楽しんでいただけたでしょうか。では、最後に昆虫採集などの話題や、昆虫に近いグループの興味深いトピックスを紹介します。

やっぱり昆虫採集！

夏休みの自由研究と言えば昆虫採集です（偏見？）。捕虫網《ほちゅう》でトンボやチョウを追いかけたり、クヌギやコナラなどの樹液でカブトムシやクワガタを捕まえるのもいいですね。ここでは、沢山の昆虫を効率的に採集する方法を二つご紹介します。

「灯火採集」

カブトムシや蛾《が》などの昆虫は、光に集まる習性（走光性《そうこう》）があります（図1）。この習性を利用して昆虫を採集する方法を「灯火採集（ライトトラップ）」と言います。本格的に行うには、発電機、蛍光灯、白い布などを用意して山中に設置します。このような機材を持っていない方も、コンビニの灯りを巡ることで灯火採集をすることができます。自然林や人工林などの環境の違い、時間帯によって採れる昆虫相も異なるので、それらを比較するのも楽しいですね。ただ、満月の夜は月

図1　灯火に飛んできたクワガタ

図2　落とし穴トラップで採れたオサムシなど

明かりが強すぎて、全く昆虫が採れないので注意しましょう。

「落とし穴トラップ」

地面に穴を掘り、プラスチックのコップを口が地面すれすれになるように埋め込みます。さらに昆虫を誘引するために、コップの中にカルピスやサナギ粉（蚕《かいこ》の蛹《さなぎ》の粉末）を入れます。すると、オサムシやシデムシ、センチコガネなど地表徘徊《はいかい》性の昆虫が採れます（図2）。このような採集方法を「落とし穴トラップ」と言います。これらの昆虫は、動物の死体や糞《ふん》などを食べる森の掃除屋さんです。また夜行性ですので、普段なかなか出会うことができない目新しい昆虫が採集できるでしょう。彼らはコップに入れる餌《えさ》の臭いに好き嫌いがあります。どんな餌で最も昆虫が採れるか、またどの昆虫がどの餌を好むのか、調べてみるのも楽しいですね。ちなみに餌は、先に挙げた以外にも酢や腐肉《ふにく》などがよく使われます。オリジナルも考えてチャレンジしてみてください。（小粥隆弘）

三六五日クワガタ採集

夏の主役といえば子供たちに大人気のクワガタでしょう。「クワガタ＝夏の虫」というイメージが強いと思いますが、実は一年中クワガタを見つけることができるのです。いろいろなクワガタと、その探し方をご紹介します。

図3　コルリクワガタのメス。春にみられる代表的なクワガタ

春のクワガタと言えば「コルリクワガタ」です。小さいながらも金属光沢を放ち、とても美しい種です（図3）。雪解けから初夏になるまでの昼間、彼らはブナなどの新芽に集まったり、その周辺を飛んだりしています。菅平など標高の高い地域で見られます。

夏は「ノコギリクワガタ」や「コクワガタ」などおなじみの種が現れます。クヌギやコナラの樹液やその周辺の樹皮めくれ、枝先、木の根元などを探すと見つかるでしょう。意外なところでは、河川敷のヤナギの樹液でもよく見られます。また、夜には明かりに集まる習性を利用して灯火採集ができます。この方法は「やっぱり昆虫採集！」（116ページ）で紹介されています。

秋から冬にかけて、クワガタたちはどこにいるのでしょうか。実は、彼らは朽木の中で冬を越します。朽木をナタなどで注意深く崩すと幼虫や成虫を見ることができます（図4）。朽木の部位や樹種によって見つかる種も異なってきます。

採集を終えた後は、クワガタの住み家を元通りにして、今後も彼らが生息できるようにしましょう。また、野外活動には危険が伴います。小さなお子さんは、保護者と共に行動するようにしましょう。

（小嶋一輝）

図4　ルイスツノヒョウタンクワガタ。樹液には集まらず生涯朽木の中で過ごす

少し変わった標本作り
～翅《はね》を開いてみよう～

夏休みの自由研究などで、昆虫標本を作ったことのある方は思い出してみてください。チョウやトンボといった大きくて立派な翅をもった虫は、その翅を開いた状態（展翅《てんし》）の標本を作ったことでしょう。一方、カブトムシのような甲虫や、バッタはどうでしょうか。きっと翅を開くことなく、肢《あし》を伸ばしただけ（展足《てんそく》）の標本ばかりでしょう。

翅をもつ昆虫の多くが、翅を複雑に折りたたんで収納する術をもっていますが、生きたまま翅を伸ばした状態で観察することは少々難しいです。そこで、標本を作る際に翅を開いて観察し、可能であれば翅を開いた状態で標本にしてみましょう。翅を体から水平に広げて固定できるように、翅の下に台を作り、翅を開いた状態で固定します。翅をきれいに広げるコツは柔らかく新鮮な個体を用いることです。

翅を開いて観察するのに、お勧めの虫をご紹介します。

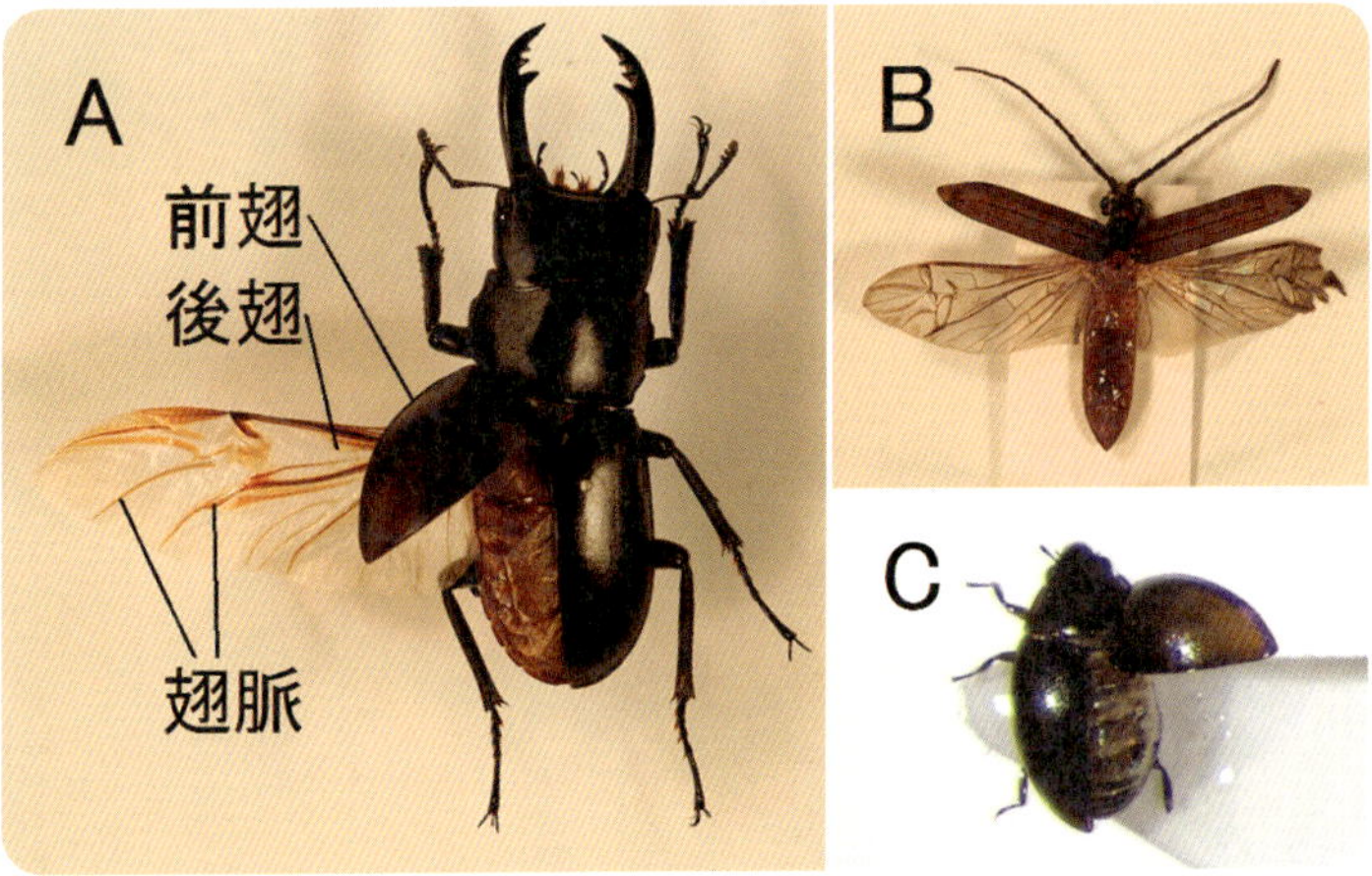

図5　A：後翅は二つ折りのアカアシクワガタ、B：後翅先端をくるくると巻くナガヒラタムシ、C：後翅が退化したクロサワツブミズムシ

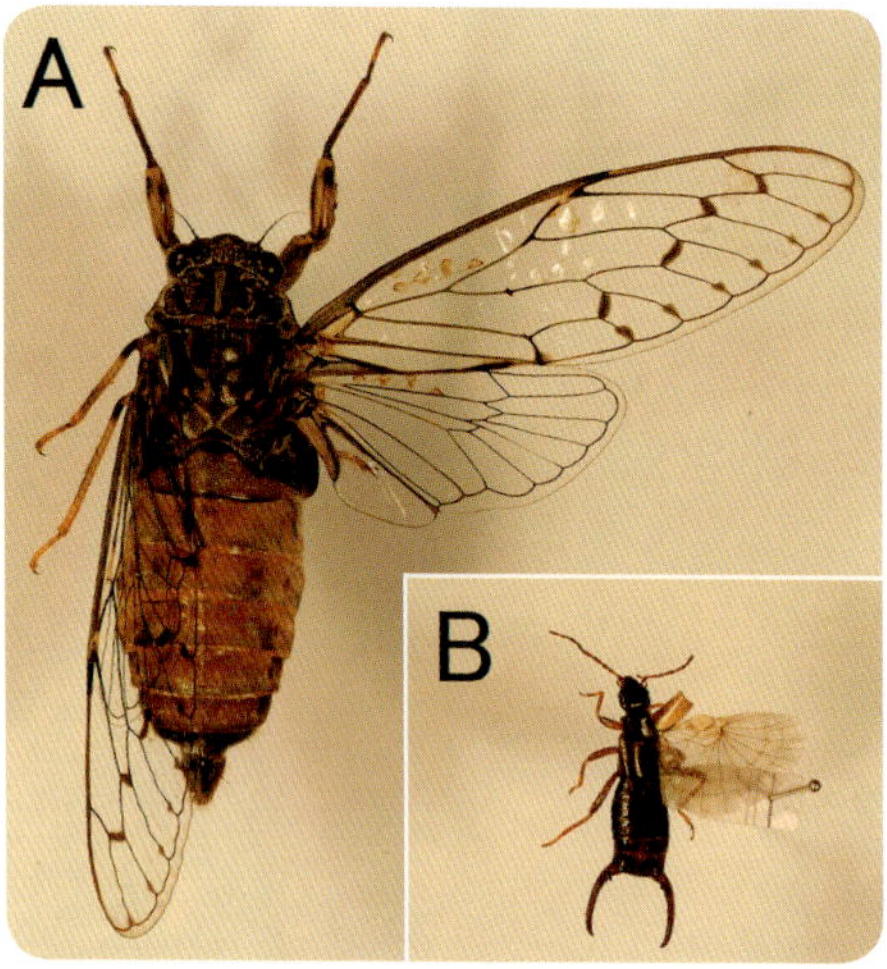

図6　A：前後２枚が連結するエゾハルゼミの翅、B：複雑に折りたたまれているコブハサミムシの後翅

まずは甲虫の仲間。彼らの前翅《ぜんし》は硬い鞘《さや》状になっていますが、その下には膜状の後翅《こうし》が鞘からはみ出さないようにきれいに折りたたまれています。甲虫のグループごとにたたみ方や翅脈《しみゃく》も異なります（図5A、B）。中には後ろ翅が退化して飛べなくなったものもいます（図5C）。

ハチやセミの翅は、一見単純に背中に乗せているだけに見えますが、翅を開いてみると面白い特性が見えてきます。彼らの前翅の後縁と後翅の前縁にはフック状の構造が存在し、二枚の翅を連結させることができるのです。これも実際に翅を動かしてみないとなかなか気づかないものです（図6A）。

ハサミムシも大変面白い翅をしています。ハサミムシの前翅も甲虫のような鞘状になってはいますが、胸部を覆うのみの小さいものです。その下には複雑に折りたたまれた扇状の後翅が存在します。後翅は甲虫のものよりも複雑で非常にコンパクトに折りたたまれています（図6B）。

昆虫の翅にはまだまだ面白いしくみがあります。

みなさんご自身で、さまざまな昆虫の翅を観察してみてください。

（小嶋一輝）

クマムシってどんなムシ？

二〇〇九年三月「第二回つくば生物研究コンテスト」が筑波大学生物学類で開催され、菅平中学校三年生（当時）の湊廣輝《みなとひろき》君が金賞を受賞しました。湊君のテーマは「上田市のクマムシ相と垂直分布」です。そこでここではクマムシについて、いったいどんな生き物なのかご紹介します。

クマムシ（図7）とは緩歩《かんぽ》動物門に属する生き物の総称です（ちなみにヒトは、ホヤ、魚、鳥などとともに脊索《せきさく》動物門に属します）。緩歩とはゆっくり歩くという意味で、四対八脚の短い肢を使ってのろのろと歩く姿がクマのように見えることからクマムシと呼ばれています。また、後述するように非常に強い耐久性を持つことからチョウメイムシ（長命虫）と呼ばれたこともあります。

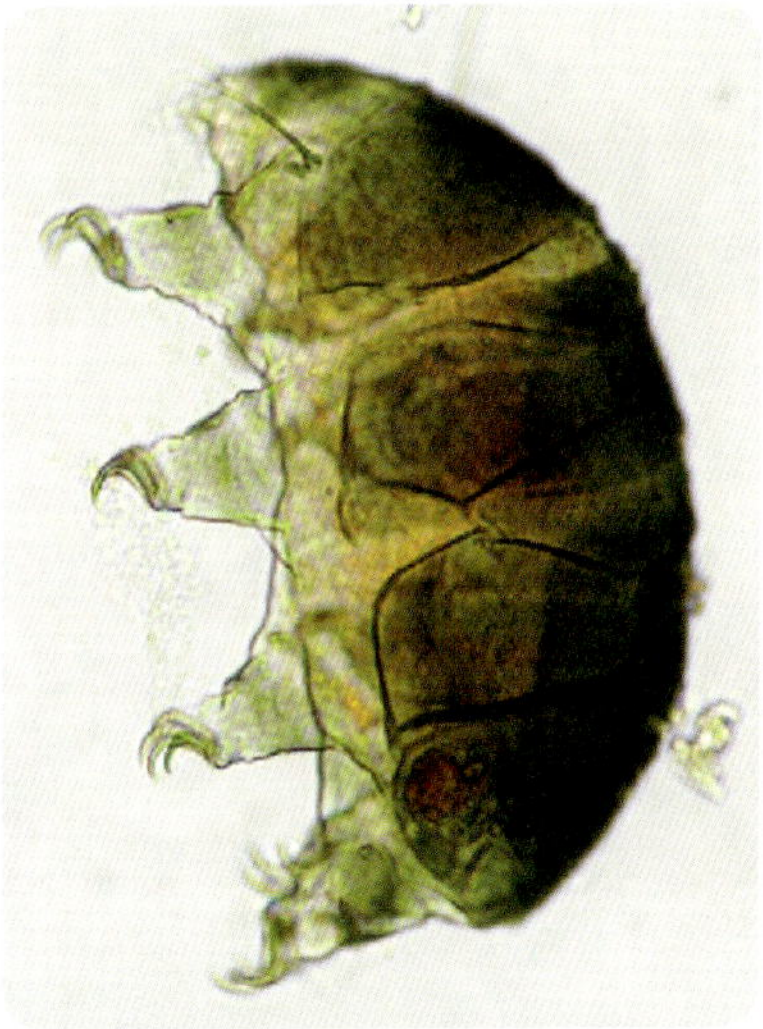

図7　クマムシの一種
（撮影：湊廣輝）

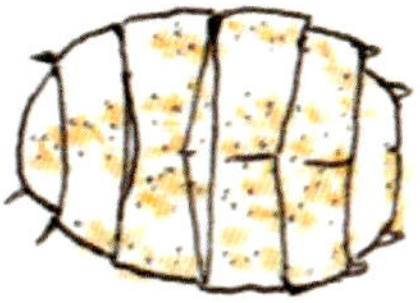

「樽型」になったクマムシはこんな感じ（背面）

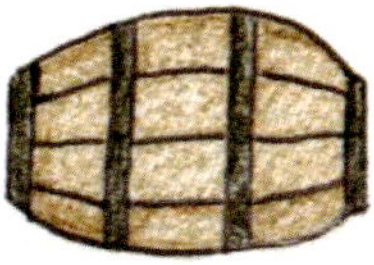

酒樽。そっくり !?

図8　樽型になったクマムシ

体長は大きいもので一ミリメートル、小さいものは〇・五ミリメートルぐらい。世界で七五〇種以上いると言われています。住む場所は種類によってさまざまですが、身近なところでは道端のコケ、森の土壌、池、海などにいます。分布域はとても広く、熱帯から南極、また超深海底から高山、さらに温泉の中からも見つかっています。

ところで、淡水や海水に棲《す》むものは別として、多くのクマムシは乾燥してくると、体を収縮し「樽型《たる》」に変身します（図8）。そして四年から七年もの間、仮死状態になって乾燥に耐えます。この「樽」の耐久性は凄まじいことで知られ、摂氏一五〇度の高温、マイナス二〇〇度の低温、一〇〇気圧の高圧、真空、そしてヒトの致死量の一〇〇〇倍以上にあたる放射線に耐えたという実験結果があります。さらに驚くことに、乾燥した「樽」は、湿らせると数分で元に戻り動きだします。

こんな変わった生き物「クマムシ」。皆さんも探してみては？

（山中史江）

ササいな存在、けど気になる生き物たち PART 1

ササは私たちにとって身近な植物です（図9）。その防腐作用から、ちまきや笹寿司といった保存

図9　菅平高原実験所の林床部に繁茂するササ群集

食や、風雪寒暖に強く繁殖力が高いことから家紋などに使われてきました。しかし近年は、森林管理を行う上で、繁茂したササのせいで木の実が地面に到達しない、実生が育たないなど、森林の更新を妨げる存在として問題視されています。ここ菅平高原においても、ササが生い茂り高山植物が減少しつつあることが問題となっており、菅平高原実験所の教員が「根子岳が「花の百名山」じゃなくなっちゃう？　〜菅平高原の高山植物に忍び寄る危機とその対策について〜」というタイトルの下、二〇一四年六月に菅平高原リゾートセンターにて講演を行いました。そのため、笹刈りに精を出されている方、これから笹刈りを行う方もいるかと思います。しかし皆さん、そのササの葉を顕微鏡や拡大鏡でのぞいたことはあるでしょうか？　実はササの葉上にはさまざまな小さな生物が生息していて、変わった生態や行動が見られるのです。ここでは、ササ上で暮らすゆかいなハダニたちを紹介したいと思います。ダニ（節足動物門鋏角類の仲間。2ページ図1）というとマダニ類のように吸血性のものがイメージされがちですが、ハダニ類は植食性で、人間に直接害を及ぼすことはないのでご心配なく。

ひきこもりのダニ

ササの葉をめくると、葉のくぼみや主脈・ふち沿いに白い網がかけられていることがあります。これは「スゴモリハダニ属」の巣です。ハダニ類

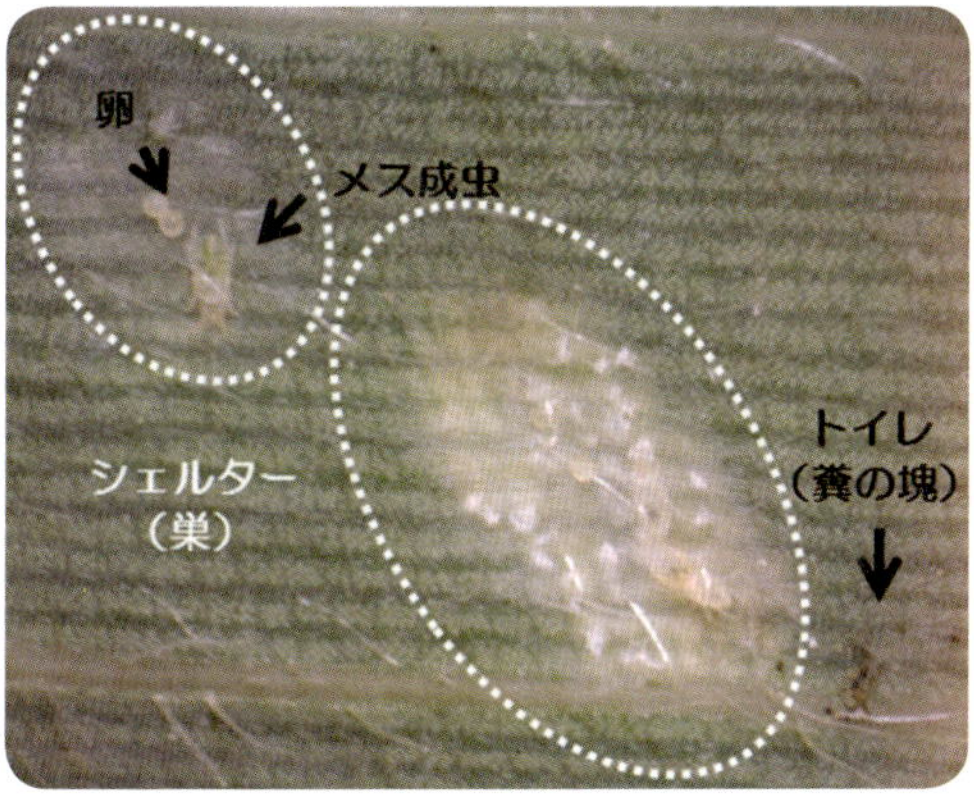

図 10　スゴモリハダニ属の巣
（菅平高原実験所構内）

の英名はspider mite（スパイダーマイト、すなわちクモダニ）ですが、その所以《ゆえん》はクモのように糸を吐き、命綱に使ったり、糸を張り巡らせて雨風や捕食者から守るシェルターに利用する点にあります。本属は、規則的に糸を張り、トンネル状の巣網を作ります（図10）。たいてい複数個体が共同で暮らしていて、食事（彼らにとっては床がご飯）も睡眠も、繁殖も子育ても、すべてこの巣網の下で行います。トイレだって巣網の下やそのそばにあるので、生涯のほとんどを巣網の下で暮らすことになります。よっぽど巣の外が怖いのでしょうね。実際この巣網は、いくつかの捕食者（カブリダニ類）から身を守るのに有効であることが調べられています。また、本属では日本に分布するものだけでも五種記載されており、うちササ上で見られる四種間では、巣の大きさや集団サイズに違いが見られ、異なる捕食回避戦略をもつと考えられています。

図11　アクロバティックな格好で毛先に卵を産みつけているケウスハダニ
（菅平高原実験所構内）

毛登りが得意なダニ

皆さんは、森の中で恐ろしい動物を見かけたらどうしますか？　走って逃げる、藪《やぶ》や穴に隠れる、木に登るなどさまざまな方法があるかと思います。「ケウスハダニ」は天敵である捕食性のダニから身を守るために、ササの葉の裏面に生えている毛によじ登って静止期（脱皮に備えてじっと動かなくなるステージ）に入ったり、毛の先に卵を産んだりします（図11）。つまり木登りのような方法によって捕食回避を行っています。でも名前はケノボリハダニではなくてケウスハダニ。その理由は分類学的なものであり、他のハダニに比べて背中の毛が一対少ないことにあります。

ササ上にもこのようにさまざまな生活があることを知っていると、また違った気持ちで笹刈りができそうですね。

（佐藤幸恵）

ササいな存在、けど気になる生き物たち PART 2

ササは私たちにとって身近な植物であり、この菅平高原実験所の林床部にもササが繁茂しています。PART1（123ページ）は、「ひきこもりのダニ（スゴモリハダニ属）」と「毛登りが得意なダニ（ケウスハダニ）」を紹介しました。今回は、また違ったゆかいなダニたちを紹介します。

テント暮らしのアウトドア系なダニ

簡易なシェルターと言えば、テントを思い浮かべる人が多いと思います。登山やキャンプ、野外フェスティバル、災害時などさまざまな場面でテントが活躍しますが、ハダニにも、糸（PART1でお話しした通り、ハダニはクモのように糸を吐くことができ、命綱やシェルターに使っています）を使ってテント状の小さなシェルターをつく

図12　ヒメササマタハダニとテント型のシェルター

るものがいます。それが、「ヒメササマタハダニ」です（図12）。ササの葉に生えている毛を支柱として小さなシェルターをつくり、その中に卵を一卵ずつ産みます。「ひきこもりのダニ」ほどきちんとしたシェルターではないものの、このテント型のシェルターも、いくつかの捕食性のカブリダニ類から身を守るのに有効であることが分かっています。

二次元なダニ

「イトマキヒラタハダニ」は扁平な体をもちます（図13）。この平べったい体を葉面《ようめん》に密着させることで捕食者から身を隠す、忍者のようなダニです（図14）。ハダニ類や天敵であるカブリダニ類は、画像を結べるような立派な眼をもちあわせておらず、私たちよりもはるかに嗅覚や触覚に依存して暮らしています。そのため、扁平な体をもつイトマキヒラタハダニが葉面に張りついていると、カブリダニ類は餌探索中であっても、気づかずにその上を通り過ぎてしまいます。隠れ身の術？　といったところでしょうか。しかし、動くことのできない卵はどうやって捕食回避をしているのでしょう？　産卵直後のイトマキヒラタハダニの卵は、他のダニと同様に球形をしています。ところが、メスは産卵直後に壊れないように気をつけながら卵をゆっくりゆっくりと押しつぶして平たくし、糸でもって葉面に固定します。そのため、卵も平べったい形状となり、隠れ身の術が使えるのです。このダニについては、以前北海道で見つけていたものの、菅平高原実験所内のササ群集では残念[※1]ながらまだ見つかっていません。

このように、ササ上にはさまざまな生活様式をもつハダニたちが生息しています。いずれの生活様式においても、キーワードは天敵からの「捕食回避」。目的は同じでも、さまざまなやり方があることは、どの世界でも変わらないのかもしれませんね。

（佐藤幸恵）

※1　菅平高原実験所内のササ群集では残念ながらまだ見つかっていないと書きましたが、翌年、なんと実

習に参加した学生が見つけてくれました。北海道のササ群集で見つけたイトマキハダニ同様、体は平べったく、その薄さに学生たちも驚いていました。

図13　歩行中のイトマキヒラタハダニのメス

図14　隠れ身の術中のイトマキヒラタハダニのオス

ササいな存在、けど気になる生き物たち PART 3

「ササいな存在、けど気になる生き物たちPART1・2（122・125ページ）」というタイトルのもと、菅平高原実験所敷地内のササ群集上に生息する、ゆかいなハダニたちの変わった生態を紹介しました。二〇一五年の夏に行った公開学生実習において、これまで菅平高原実験所では見つかっていなかった新たなハダニを学生たちとともに見つけたので、そのハダニを紹介します。

毛深いダニ

毛虫（チョウやガの幼虫で毛深いもの）など、長いふさふさした「毛」で外敵から身を守っている動物は少なくありません。今回学生たちが見つけてくれた「ササマルハダニ」（図15）の生態は、詳しくは調べられていません。ただ、分類学上は同じマルハダニ属に属し、寄主植物は異なるものの形態が類似しているミカンハダニに関しては、京都大学農学研究科・矢野修一さんらの研究グループが興味深い生態を明らかにしています。ミカンハダニは葉面に伏せることで、毛のない腹側は葉面に密着させ、背面は生えている長い毛をさまざまな方向に突き出すことでガードします（図15と同じ姿勢）。捕食者であるカブリダニはどの方向から近づいてもまずハダニの毛が触れてしまうため、容易にハダニの体に口針《こうしん》をさすことができません。それでも無理やり近づこうとすると、ハダニの立派な毛がしなり、カブリダニは弾き飛ばされてしまうのだそうです。しかも面白いことに、矢野さんらの研究グループはその現象を観察だけでなく、体長〇・五ミリメートル未満といった微小なハダニの毛を脱毛することにより、明らかにしています。ササマルハダニもミカンハダニと見た目が似ていることから、同様の方法により捕食回避しているのかもしれません。ただ、ミカンハダニの場合は悲しいことに、この葉面に伏せる行動によりアゲハチョウの芋虫から逃げる術がなく、ミカンの葉ごと食べられてしまうそうです。

（佐藤幸恵）

図15　実験所内のササ群集で発見されたササマルハダニ

サクラの葉についた虫こぶ

菅平高原実験所内の圃場《ほじょう》を歩いていると、サクラの葉に小さな突起がいくつもついているのを発見。全長一ミリメートルから二ミリメートルほどの棍棒《こんぼう》状で先端が赤く、よく見ると細かな毛で覆われたそれは、どうやら「虫こぶ」のようでした(図16)。

虫こぶとは、植物寄生性の虫が寄生することで形成されるこぶ状の突起のことで、「虫癭《ちゅうえい》」や「ゴール」とも呼ばれます。虫こぶを形成する生物としてはタマバチやタマバエ、アブラムシ、ダニなどが知られています。また、特定の植物に対してのみ寄生する特異性をもつものが多く、形成される虫こぶも種によってさまざまな特徴があります。外敵からの防衛、成長・繁殖の場として役立ちますが、農作物にも寄生するため、時には害虫として扱われます。

さて、今回見つけた虫こぶを顕微鏡で見てみると、裏面には毛で覆われた開口部がありました。虫こぶには多様な形がありますが、今回のものは開放型のハフクロフシ型と呼ばれるタイプのようです。虫こぶを開けてみると、中からわずか〇・二ミリメートルほどの小さなダニが出てきました。肉眼では認識できないほど微小で、細長い後体部

図16　サクラの葉についていた虫こぶ

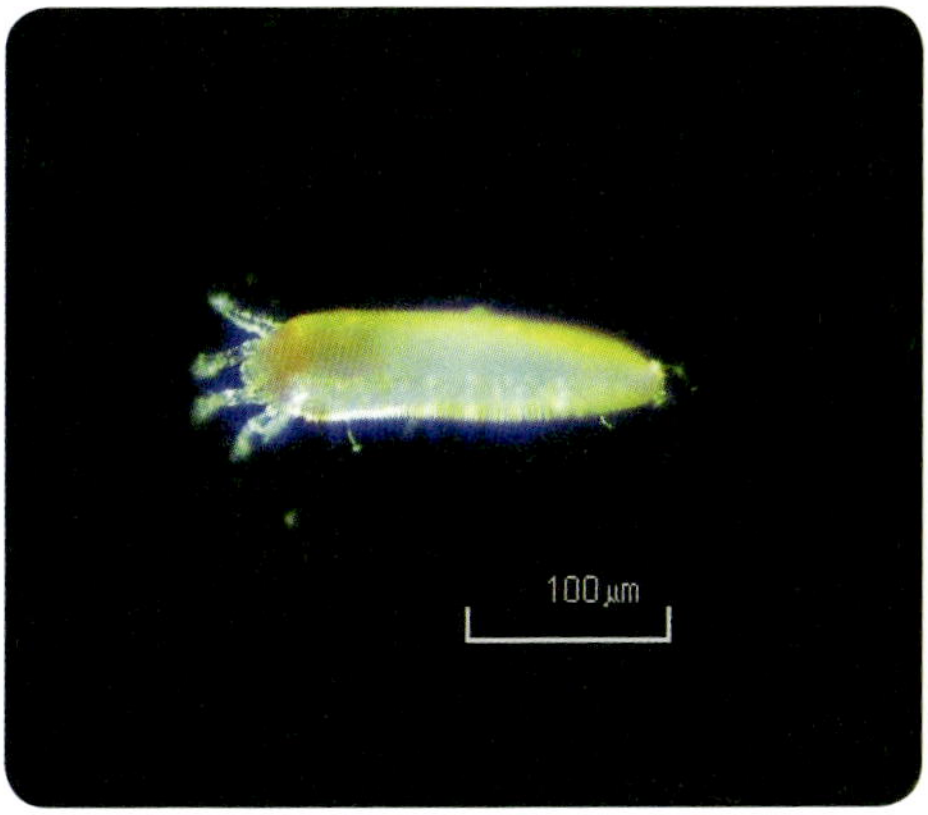

図17　フシダニ科の一種

と無数の環節から、フシダニ科の一種であることが分かりました（図17）。他のダニが四対八本の脚をもっているのに対し、フシダニの脚は二対四本のため、容易に識別が可能です。虫こぶのことを「フシ」とも言うことから、「フシを形成するダニ」の意でフシダニという名がつけられました。

多様で奥深い虫こぶ。他にはどんな形があるのか、皆さんもぜひ探してみてはいかがでしょうか。

（横田麻梨子）

身近にいる 愛らしい？生き物 ヤスデ

「ヤスデ」と聞いて、どんな姿の生き物か思い浮ぶでしょうか。ヤスデは、節足動物門多足類に属する（2ページ図1）地味な色をした細長い生き物で、足がたくさんありムカデと似ています（図18）。ムカデの歩肢《ほし》は一つの体節から一対ずつ伸びますが、ヤスデは第四節目から歩肢は二対ずつに増えます。またムカデに比べてヤスデの体は丸みを帯びていて、動きはのろく、刺激すると丸

図18　菅平で見られるヤスデたち
A：タマヤスデ。ダンゴムシとそっくりなヤスデです。B：タマヤスデが丸まった様子です。C：クロヒメヤスデ。丸っこくて細長い体が特徴です。D：タカクワヤスデ。茶色の体に朱色の縁が特徴的です。E：ニクイロババヤスデ。この写真の中では一番大きい大型のヤスデです

くなります。

一九七六年の秋、山梨県小淵沢駅から長野県小諸駅を走る小海線の列車を野辺山駅付近で止めた伝説のヤスデがいます。体長約三五ミリメートルほどの小さい生き物がどうやって列車を止めたのか、気になりませんか？　この伝説のヤスデは、名を「キシャヤスデ」と言います。名前は汽車を止めたことに由来しています。彼らは紅葉のような鮮やかな朱色をしている、大人しくかわいらしい生き物です（図19）。彼らは一生の大半を地中で過ごし、一年に一回脱皮をして、少しずつ大きくなります。そして八年目にやっとのことで成体となって地上に現れ、パートナーを探す旅に出ます。そうです、彼らは八年に一回大発生をするヤスデなのです。一九七六年はちょうどキシャヤスデ大発生の年で、列車はひかれたヤスデの体液でスリップし動けなくなってしまったのでした。キシャヤスデが最も活発になる時期は九月から一〇月で、寒くなり始めると冬眠に入ると言われています。

図 19　キシャヤスデの成体
鮮やかな朱色です

そして実は、二〇一六年もキシャヤスデ大発生の年でした。八ヶ岳山麓では多くのキシャヤスデが見られたそうです。ヤスデ好きな私にとってはまさにお祭りの年でしたが、見た目や集団での様子が不快なために「気持ち悪い害虫」という印象をもっている方が多いようです。

しかし、彼らが森の掃除人として立派に働いているということをご存知ですか？　ヤスデの仲間は落葉を主食としており、体重の何倍もの落葉を食べて土へと分解しています。ヤスデの糞《ふん》は栄養分に富み、樹木の成長に役立ちます。また、キシャヤスデは幼虫の間に土の中を歩き回ることによって、空気や水の通りをよくしてくれています。

ヤスデを見かけたら目の敵のように殺したりせず、少しだけ観察し、できればそっと触れてみてください。みなさんが思っている以上に、彼らは可愛らしく素敵な生き物であるということを知っていただけたら嬉しいです。

（田中直歩）

執筆者一覧

監修・執筆

町田龍一郎　筑波大学山岳科学センター菅平高原実験所 特命教授

執筆時／筑波大学山岳科学センター菅平高原実験所 教授。動物種の七五パーセントを占める昆虫類を対象に、そのグラウンドプラン、系統進化を、主に比較発生学、比較形態学からのアプローチで検討してきた。また、一三か国・四三研究機関・一〇一名の研究者からなる、昆虫類の高次系統を分子系統解析から明らかにしようとする国際プロジェクト〝1KITE〟において、コーディネーション拠点としても活動を行っている。

執筆者　以下五十音順「」は研究テーマ

小粥隆弘　浜松科学館 サイエンスチーム リーダー
執筆時／筑波大学大学院生命環境科学研究科生物資源科学専攻
「地表・地中性節足動物群集の景観生態学」

小嶋一輝　長野県飯田高等学校 教諭
執筆時／筑波大学大学院生命環境科学研究科生物科学専攻
「始原亜目・粘食亜目甲虫の発生学的研究」

佐藤美幸　NPO法人生物多様性研究所あーすわーむ 研究員
執筆時／筑波大学山岳科学センター菅平高原実験所 技術職員

佐藤幸恵　筑波大学山岳科学センター 助教
「行動・生態の多様性と進化に関する研究」、「植物ダニ学」

清水将太　学校法人松商学園松本秀峰中等教育学校 教諭
執筆時／筑波大学大学院生命環境科学研究科生物科学専攻
「ハサミムシ目の比較発生学的研究」

神通芳江　元 海洋研究開発機構 研究技術専任スタッフ
執筆時／筑波大学大学院生命環境科学研究科生物科学専攻
「シロアリモドキ目の発生学的研究」

鈴木誠治　北海道大学大学院農学研究院 農学研究院研究員
「昆虫の行動生態学的研究」、「親による子の保護」

鈴木　萌　筑波大学生物学類卒業生
「送粉生態学」

関谷　薫　筑波大学計算科学研究センター 主任研究員
執筆時／筑波大学大学院生命環境科学研究科生物科学専攻
「コムシ目の比較発生学的研究」

高木悦郎　首都大学東京都市環境学部観光科学科 助教
執筆時／筑波大学山岳科学センター菅平高原実験所 特任助教
「個体群生態学」、「生物間相互作用」、「植食性昆虫による寄主選好性とその地理的変異」

田中直歩　筑波大学生物学類卒業生
「ヤスデ等の多足類の腸内に生息する菌類の分類・生態学的研究」

平尾　章　北海道大学地球環境科学研究院 博士研究員
執筆時／筑波大学山岳科学センター菅平高原実験所 助教
「花蜜酵母の多様性」、「山岳植物の遺伝的多様性」

福井眞生子　愛媛大学大学院理工学研究科環境機能科学専攻 特任講師
執筆時／筑波大学大学院生命環境科学研究科生物科学専攻
「カマアシムシ目の発生学的研究」

藤 田 麻 里　神奈川県立生命の星・地球博物館 外来研究員
執筆時／筑波大学大学院生命環境科学研究科生物科学専攻
「ゴキブリ目の比較発生学」

真 下 雄 太　北里大学研究支援センターURA室 特別専門職員
執筆時／筑波大学大学院生命環境科学研究科生物科学専攻
「ジュズヒゲムシ目の比較発生学・分類学」

松嶋美智代　株式会社うすい 講師
執筆時／筑波大学大学院生命環境科学研究科生物科学専攻
「シロアリ目の発生学的研究」

武 藤 将 道　日本学術振興会 特別研究員PD
執筆時／筑波大学大学院生命環境科学研究科生物科学専攻
「カワゲラ目の比較発生学的研究」

山 中 史 江　筑波大学山岳科学センター菅平高原実験所 技術職員

横田麻梨子　筑波大学生物学類卒業生
「植物の遺伝的多様性と気候変動応答」

編集　佐藤美幸　山中史江
カバーイラスト　藤田麻里
企画・協力　石田健一郎　沼田治

「菅平生き物通信」掲載号（発行年月日）

プロローグ（書き下ろし）

一章　昆虫のからだのしくみ

噛む口、吸う口、舐める口 ～昆虫類の多様な口器～／四二号（二〇一五年九月一三日）、昆虫は口で呼吸をしない！ 巨大キリギリスの大きな気門／一一号（二〇一一年九月一一日）、脱皮とクチクラの不思議／四二号（二〇一五年九月一三日）、ノミの心臓はどこにある？ ～昆虫の心臓～／四四号（二〇一五年一二月一三日）、良く似た形の生き物／三〇号（二〇一三年一二月八日）

二章　いろいろな生き方

コブハサミムシ 命のリレー／一五号（二〇一二年一月）、カッコウのつば？／三五号（二〇一四年九月七日）、アブラムシの繁殖戦略／三五号（二〇一四年九月七日）、ミツバチの生態／三四号（二〇一四年七月七日）、いろいろなハチの巣／三七号（二〇一四年一二月一四日）、冬を乗り越える虫たち／三一号（二〇一四年一月一二日）、冬の虫 ～翅が退化したフユシャク～／三七号（二〇一四年一二月一四日）、結婚するために目が飛び出ちゃった昆虫たち／二二号（二〇一二年一一月一一日）、小さな体で賢く生きるヒメシジミ／四九号（二〇一六年七月一八日）

三章　なんで○○するの？

なぜ蛾は光に集まるの？／二七号（二〇一三年六月九日）、秋の虫は、なぜ鳴くの？／二九号（二〇一三年一〇月一四日）、母は偉大？～昆虫はどのように産卵場所を選択しているの？～（改題）／四七号（二〇一六年四月一〇日）、花を訪れる昆虫たち～花にはどんな虫がくるの？～（改題）／五〇号（二〇一六年九月一一日）

四章　紹介します!!「無翅昆虫類（無変態類）」編

コムシが誘う自然への入口／九号（二〇一一年六月一二日）、イシノミ～原始の特徴を今につたえる昆虫～／四九号（二〇一六年七月一八日）、シミ～人とともに生きてきた昆虫～／五五号（二〇一七年四月九日）

五章　紹介します!!　有翅昆虫類「不完全変態類」編

ゴキブリいろいろ／一八号（二〇一二年六月一〇日）、シロアリ／二三号（二〇一二年一二月一〇日）、草原のバッタたち／五号（二〇一〇年九月一五日）、ハサミムシのハサミ～多様な形とそのはたらき～／二八号（二〇一三年九月八日）、かはげら草子／四三号（二〇一五年一〇月一二日）、カワゲラウォッチ冬ノ陣／四五号（二〇一六年二月一四日）、ハジラミ～翅がないのに大空を飛び回る昆虫～／五〇号（二〇一六年九月一一日）

六章　紹介します!!　有翅昆虫類「完全変態類」編

不思議な甲虫ナガヒラタムシ／三五号（二〇一四年九月七日）、ブナ林と共に生きるヨコヤマヒゲナガカミキリ／一四号（二〇一一年一二月一〇日）、子育てをする虫モンシデムシ／五四号（二〇一七年二月一二日）、他虫の空似ガガンボモドキ／三一号（二〇一四年一月一二日)、みんな大好きアケビコノハ「長年の憧れ」/七号(二〇一一年三月一五日)、「眼状紋とのにらみ合い」/三六号(二〇一四年一〇月一三日)、イボタガ/四八号(二〇一六年六月一二年)、エゾヨツメ/四九号(二〇一六年七月一八日)、ムラサキシャチホコ/五〇号(二〇一六年九月一一日)、シロシャチホコ/五〇号(二〇一六年九月一一日)、ニセツマアカシャチホコ/五七号(二〇一七年七月一七日)、刺すハチ、刺せないハチ/三九号(二〇一五年二月八日)、空飛ぶ毛玉 マルハナバチってどんなハチ?/三〇号(二〇一三年一二月八日)、オオフタオビドロバチ/四〇号(二〇一五年六月一四日)

七章　研究室と学生の活動から

菅平高原で新種発見! 地中で暮らすタマキノコムシ科の一種/三八号(二〇一五年一月一二日)、菅平高原でまたまた新種発見! ホソヒラタオオズナガゴミムシ/四六号(二〇一六年二月一四日)、自然をみる/五三号(二〇一七年一月一〇日)、ホロタイプ標本を見にロンドン自然史博物館へ!/二五号(二〇一三年二月一一日)、行ってきました! 自然科学アカデミー(改題)/二五・二六号(二〇一三年二月一一日・四月一四日)、嗚呼 夢のマレーシア/九号(二〇一一年六月一二日)、昆虫類の進化を考えつづけて半世紀 ~昆虫比較発生学研究室~(改題)/二号(二〇一〇年一二月一五日)、やっと昆虫の進化が見えてきた/三八号(二〇一五年一月一二日)

おまけ

やっぱり昆虫採集!/三四号(二〇一四年七月七日)、三六五日 クワガタ採集/四一号(二〇一五年七月一二日)、少し変わった標本作り ~翅を開いてみよう~/五一号(二〇一六年一〇月一一日)、クマムシってどんなムシ?/創刊号(二〇〇九年八月一五日)、ササいな存在、けど気になる生き物たちＰＡＲＴ１／三六号（二〇一四年一〇月一三日）、ササいな存在、けど気になる生き物たちＰＡＲＴ２／三七号（二〇一四年一二月一四日）、ササいな存在、けど気になる生き物たちＰＡＲＴ３／四三号（二〇一五年一〇月一二日）、サクラの葉についた虫こぶ／四一号（二〇一五年七月一二日）、身近にいる愛らしい?生き物ヤスデ／五二号（二〇一六年一二月一一日）

あとがき

　本書は、「菅平生き物通信」の記事から、昆虫に関わるものを中心にピックアップして編集されています。一〇年にわたって書き溜めた通信が、書籍として再編・発行され非常に嬉しい気持ちでいっぱいです。本書を手に取ってくださった皆様に、教職員や学生たちの昆虫を愛する気持ちや熱意が伝わりましたでしょうか。本書の表紙絵も、菅平高原で昆虫を学んだ藤田麻里さんが手がけました。昆虫類三二目を、丁寧に描いてあります。あなたはいくつ分かるでしょうか？

　「菅平生き物通信」は筑波大学山岳科学センター菅平高原実験所が、新聞販売店「東郷堂」（上田市）よりご厚意、ご協力をいただいて、長野県上田市と周辺地域住民むけに新聞折込発行している情報紙です。二〇〇九年の八月に創刊号が発行されて以来、年間七回から八回の発行を続けています。創刊当時の施設名称は「筑波大学菅平高原実験センター」でしたが、二〇一七年四月より「筑波大学山岳科学センター菅平高原実験所」と名称を改めることとなりました。

　なお、記事中の図・写真で提供者が記されていないものは、筆者自身によるものです。

　これからも、「菅平生き物通信」の発行は継続していきます。植物や菌類などのさまざまな生き物、菅平高原の四季の様子、学生の活動など、本書には掲載されなかった記事がたくさんあります。「菅平生き物通信」を通じて、生き物や菅平高原の魅力をお伝えできれば幸いです。

　最後に、本書の出版をお引き受けくださった筑波大学出版会に、心よりお礼を申し上げます。

（二〇一八年一二月）

ネジレバネ目
カマアシムシ目
トビムシ目
コムシ目
イシノミ目
ハチ目
コウチュウ目
シミ目
ノミ目
トビケラ目
ハエ目
カゲロウ目
シリアゲムシ目
アミメカゲロウ目
アザミウマ目
トンボ目
シラミ目
ハジラミ目
カワゲラ目
カメムシ目
チャタテムシ目
ハサミムシ目
チョウ目
シロアリ目
ジュズヒゲムシ目
ゴキブリ目
バッタ目
カカトアルキ目
カマキリ目
ナナフシ目
シロアリモドキ目
ガロアムシ目

蟲愛《むしめ》づる人の蟲がたり

2019年3月6日初版発行
2019年7月10日第2刷発行

編　者　筑波大学山岳科学センター
　　　　菅平高原実験所

監　修　町田龍一郎

発行所　筑波大学出版会
〒305-8577
茨城県つくば市天王台1-1-1
電話（029）853-2050
http://www.press.tsukuba.ac.jp/

発売所　丸善出版株式会社
〒101-0051
東京都千代田区神田神保町2-17
電話（03）3512-3256
https://www.maruzen-publishing.co.jp/

編集・制作協力　丸善プラネット株式会社
カバーイラスト　藤田麻里

組版／株式会社明昌堂　印刷・製本／富士美術印刷株式会社
ISBN978-4-904074-54-1 C0045